Post-EEG-Anlagen in der Energiewirtschaft

Marcel Linnemann

Post-EEG-Anlagen in der Energiewirtschaft

Praxishilfe für Energieversorgungsunternehmen und Anlagenbetreiber zum Umgang mit ausgeförderten Anlagen

Marcel Linnemann
items GmbH
Münster, Deutschland

ISBN 978-3-658-35071-0   ISBN 978-3-658-35072-7   (eBook)
https://doi.org/10.1007/978-3-658-35072-7

Die Deutsche Nationalbibliothek verzeichnet diese Publikation in der Deutschen Nationalbibliografie; detaillierte bibliografische Daten sind im Internet über http://dnb.d-nb.de abrufbar.

Planung: Dr. Daniel Fröhlich
Springer Vieweg ist ein Imprint der eingetragenen Gesellschaft Springer Fachmedien Wiesbaden GmbH und ist ein Teil von Springer Nature.
Die Anschrift der Gesellschaft ist: Abraham-Lincoln-Str. 46, 65189 Wiesbaden, Germany

Vorwort

Bei dem Thema Post-EEG bzw. ausgeförderte Anlagen handelt es sich aus energie-wirtschaftlicher Sicht noch um ein recht junges Thema. Mit dem 20-jährigen Jubiläum des Erneuerbaren-Energien-Gesetz im Jahr 2020 endete für die ersten Anlagen im Jahr 2021 die staatliche EEG-Förderung. Für viele Energieversorgungsunternehmen und Anlagenbetreiber stellt sich daher die Frage, wie mit diesem Thema umzugehen ist. Für die Energiewirtschaft bietet sich hier ein neuer Markt, um Anlagen außerhalb der staat-lichen Förderung weiter zu vermarkten, zu betreiben und neue Produkte zu entwickeln. Für Anlagenbetreiber stellt sich hingegen die Frage, ob und in welcher Form ein Weiter-betrieb der Anlage möglich ist.

Aus diesem Grund soll das vorliegende Buch „Post-EEG-Anlagen in der Energiewirt-schaft" einen ersten Leitfaden für Energieversorgungsunternehmen und Anlagenbetreiber darstellen, wie mit diesem Thema umgegangen werden kann. Es erläutert die Bedürf-nisse der Anlagenbetreiber und unterteilt diese in potentielle Zielgruppen. Daneben geht es auf die Sichtweise von Energieversorgungsunternehmen sowie die Vermarktungs-möglichkeiten aus energiewirtschaftlicher Sicht und potentielle Produkte für Anlagen-betreiber ein. Weitere Themen wie die Auswahl des richtigen Messkonzeptes, die Vertragsgestaltung, die Beachtung der abzuführenden Abgaben und Umlagen sowie die Darstellung der wichtigsten Parameter zur Bewertung der Wirtschaftlichkeit sind eben-falls Teil dieses Werkes.

Das Buch bietet somit einen ersten Rundumblick, was für den Aufbau eines Geschäftsfeldes für Post-EEG-Anlagen zu beachten ist. Somit handelt es sich um ein Buch aus der Praxis für die Praxis. Ein wissenschaftlicher Anspruch wird an dieser Stelle nicht erhoben.

An dieser Stelle gilt mein Dank noch einmal allen Beteiligten, welche an der Erstellung des Werkes mitgeholfen haben. Hervorzuheben ist hier meine Familie, welche mich immer unterstützt hat. Selbst nach dem mittlerweile vierten Buch und dem ein oder anderen längeren Abend, an dem ich keine Zeit hatte. Ebenso gilt mein Dank meinem

Arbeitgeber der items GmbH, welche mich bei jedem neuen Buch unterstützt und mir den notwendigen Freiraum einräumt. Zuletzt gilt mein Dank dem Springer Vieweg Verlag für die Unterstützung auf dem Weg zu jedem neuen Buch. Und nun wünsche ich Ihnen viel Spaß bei dem Studium des Buches!

Münster   Marcel Linnemann
2021

Inhaltsverzeichnis

Abkürzungsverzeichnis

BNetzA	Bundesnetzagentur
EA	Erzeugungsanlage
EE-Anlage	Erneuerbare-Energien-Anlage
EEG	Erneuerbare-Energien-Gesetz
EEV	Erneuerbaren-Energien-Verordnung
EnWG	Energiewirtschaftsgesetz
EVU	Energieversorgungsunternehmen
HAN	Home Area Network
iMsys	intelligentes Messsystem
kW	Kilowatt
kWh	Kilowattstunde
LMN	Local Metrological Network
MAE	Markterklärung
mM	modernes Messsystem
MsbG	Messstellenbetriebsgesetz
MW	Megawatt
NNE	Netznutzungsentgelte
PV	Photovoltaik
SMGW	Smart-Meter-Gateway
StromNEV	Stromnetzentgeltverordnung
vNNE	vermiedene Netzentgelte
WAN	Wide Area Network
WKA	Windkraftanlage

Abbildungsverzeichnis

Post-EEG: Hintergrund & Historie

1

1.1 Vom EEG zu ausgeförderten Anlagen

Vor mehr als 20 Jahren wurde in Deutschland das Erneuerbare-Energien-Gesetz (EEG), welches 2000 mit dem Ziel in Kraft trat den Ausbau der Erneuerbaren Energien (EE) in Deutschland zu fördern, beschlossen. Bei der Förderung handelte es sich um eine feste Einspeisevergütung je erzeugter kWh über eine Laufzeit von 20 Jahren. Mit dem 20-jährigen Jubiläum des EEG im Jahr 2020 endet somit ab dem Jahr 2021 für die ersten Anlagen die staatliche EEG-Förderung. Davon betroffen sind alle nach dem EEG betroffenen Erzeugungsanlagen, welche Strom mittels Erneuerbaren Energien produzieren. Hierunter zählen größtenteils Photovoltaik-, Windkraft- und Biomasse-anlagen §3 Nr. 21 EEG [1].

Umgangssprachlich werden die Anlagen, welche aus der EEG-Förderung fallen, als Post-EEG-Anlagen bezeichnet. Da nach Ablauf des Förderzeitraums von 20 Jahren die meisten Anlagen noch funktionsfähig sind, stellt sich für jeden Anlagenbetreiber die Frage, in welcher Form eine weitere Sicherung des Betriebs möglich ist. Diese Frage-stellung betrifft vor allem kleinere Anlagenbetreiber wie beispielsweise Hausbesitzer mit einer Photovoltaikanlage auf dem Dach, deren absoluter Anteil an Post-EEG-Anlagen am größten ist. Zu Beginn wurden über die Förderdauer des EEG sämtliche EE-Anlagen über den Netzbetreiber vermarktet. Der administrative Aufwand war für den Anlagen-betreiber somit sehr gering. Verbunden mit der attraktiven Förderung in Kombination mit einer stabilen Laufzeit stiegen eine Vielzahl an Privatpersonen und Unternehmen in das Geschäft des Betriebs von EE-Erzeugungsanlagen ein. Auch wenn die Renditen und festen Einspeisevergütungen in den letzten Jahren stetig gesunken sind, erfolgt der Verkauf der Strommengen innerhalb des Förderzeitraums für kleine EE-Anlagen bis 100 kW weiterhin über den Netzbetreiber. Neuerrichtete, größere EE-Anlagen müssen

M. Linnemann, *Post-EEG-Anlagen in der Energiewirtschaft*, https://doi.org/10.1007/978-3-658-35072-7_1

seit 2014 ihren Strom selbst oder mittels eines Direktvermarkters auf der Börse vermarkten [1].

Aus diesem Grund werden in den nächsten Jahren immer mehr EE-Anlagenbetreiber vor der Frage stehen, wie der weitere Betrieb sicherzustellen ist. Nach Hochrechnungen der Übertragungsnetzbetreiber sind bis zum Jahr 2032 mehr als 1 Mio. Erzeugungsanlagen von einem Auslaufen der Förderung betroffen [3]. Mit dem Jahr 2021 endete für mehr als 18.000 PV-Anlagen mit einer Leistung von 71 MW die Förderung durch das EEG. Bis zum Jahr 2025 sind weitere 176.600 PV-Anlagen mit einer Leistung von ca. 1.900 MW betroffen. Mehr als 95 % der Anlagen befinden sich im kleineren Leistungssegment von unter 100 kW. Bis 2024 liegt der Anteil von Anlagen bis 10 kW gewichtet bei 62 %. Somit sind vor allem Anlagenbetreiber betroffen, dessen Strommengen aktuell noch über den Netzbetreiber erfolgt [2, 3].

Würden die aus der EEG-Förderung fallenden Anlagen einfach abgestellt werden, wären allein im Jahr 2025 mehr als 900 GWh regenerativ produzierte Energie aus dem deutschen Strommix betroffen. Unter der Berücksichtigung, dass in Deutschland bereits heute die Ausbauziele von Erneuerbaren Energien in einzelnen Bereichen nicht mehr erreicht werden, entstünde durch die Abschaltung noch funktionierender Post-EEG-Anlagen eine weitere Lücke in den deutschen Klimazielen. In Abhängigkeit des deutschen Strommix schätzt das Umweltministerium die CO_2-Einsparungen durch den Weiterbetrieb der ausgeförderten Anlagen zwischen 1,3 Mio. t CO_2 bis 2,3 Mio. t CO_2 bis zum Jahr 2026 [2].

Da besonders Haushaltskunden mit einer eigenen EE-Anlage sowie kleinere und mittelständische Unternehmen von dem Auslaufen der Förderung betroffen sind, ergibt dies vor allem für die Energieversorgungsunternehmen (EVU) und Direktvermarkter ein zusätzliches Geschäftsmodell. Hierbei können unterschiedlichste Produkte und Vermarktungsstrategien gewählt werden, die im Einzelnen in diesem Buch vorgestellt werden. Der Fokus liegt dabei auf Photovoltaikanlagen, da diese den größten Anteil der ausgeförderten Anlagen darstellen [2, 3].

1.2   Definition ausgeförderte Anlage/Post-EEG-Anlage

Der Begriff Post-EEG-Anlage, war vor allem in den letzten Jahren vor dem Auslaufen der ersten Erzeugungsanlagen aus der EEG-Förderung geläufig und wird in der Branche auch heute immer noch umgangssprachlich verwendet. Aus Sicht des Gesetzgebers existiert der Begriff Post-EEG-Anlage jedoch nicht. Vielmehr wird der Begriff ausgeförderte Anlage verwendet und ist im EEG 2021 geregelt. Hierbei handelt es sich um Erzeugungsanlagen, „die vor dem 1. Januar 2021 in Betrieb genommen worden sind und bei we der ursprüngliche Anspruch auf Zahlung nach der für die Anlage maßgeblichen Fassung des Erneuerbare-Energien-Gesetzes beendet ist; mehrere ausgeförderte Anlagen sind zur Bestimmung der Größe nach den Bestimmungen dieses Gesetzes zu ausgeförderten Anlagen als eine Anlage anzusehen, wenn sie nach der für sie maßgeblichen

Geförderte Anlage

EE-Anlage, welche sich im Förderzeitraum des EEG befindet und diese in Anspruch nimmt.

Ausgeförderte Anlage

EE-Anlage, welche vor dem 31.12.2019 angeschlossen wurde und nach dem Förderzeitraum von 20 Jahren aus der EEG-Förderung fällt. In der Branche wird das Synonym Post-EEG-Anlagen verwendet.

Anlage außerhalb der EEG-Vergütung

EE-Anlage, welche einen Anspruch auf die EEG-Vergütung hätte aber aus bestimmten Gründen darauf verzichtet.

Abb. 1.1   Einordnung ausgeförderte Anlage in den energiewirtschaftlichen Kontext

Fassung des Erneuerbare-Energien-Gesetzes zum Zweck der Ermittlung des Anspruchs auf Zahlung als eine Anlage galten" §3 Nr.3a EEG [1].

Durch die Festlegung, dass es sich um eine Anlage handeln muss, welche vor dem 01. Januar 2021 in Betrieb genommen wurde, gilt die Regelung nicht für Anlagen, die neu ab 2021 errichtet werden und nach 20 Jahren aus der Förderung fallen. Somit ist zwischen drei verschiedenen Typen von EE-Anlagen in der Energiewirtschaft zu differenzieren: Zum einen den Anlagen, welche sich in der EEG-Förderung befinden, die aus der Förderung auslaufen oder aus freiwilligen Gründen auf eine Förderung verzichten (vgl. Abb. 1.1).

1.3   Überblick Zahlen und Fakten

Nach Hochrechnungen der Übertragungsnetzbetreiber werden mehr als 1 Million Anlagen bis zum Jahr 2032 aus der EEG-Förderung fallen. Für einen Großteil der Anlagen handelt es sich um Photovoltaik unter 100 kW Leistung. Viele dieser Anlagen sind den Kleinstanlagen mit einer Leistung von maximal 10 kW zuzuordnen. Bis zum Jahr 2025 stellen diese mit einem Anteil von 62 % aller Photovoltaikanlagen die Mehrheit dar. Die durchschnittliche Anlagengröße der ausgeförderten PV-Anlagen 2021 liegt bei 3,9 kW, 2024 bei 7,1 kW und 2025 bei 13,8 kW. Auf Grund der geringen Anlagengröße sind somit vor allem Haushaltskunden betroffen [2, 3].

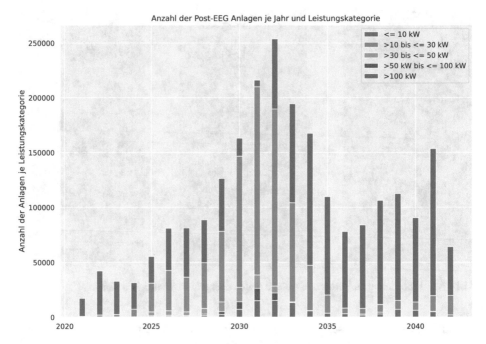

Das Umweltministerium [2] schätzt die Stromproduktion dieser Anlagen für das Jahr 2021 auf 51 GWh bei der Annahme von 840 Volllaststunden unter Berücksichtigung des Verschleißes der Module. Für das Jahr 2025 steigt der Anteil auf 915 GWh an. Für 2026 ist mit 1.721 GWh zu rechnen [2].

Daneben ist zu differenzieren, ob die Anlage weiterhin in der Volleinspeisung in das öffentliche Stromnetz betrieben wird, ob ein Eigenverbrauch nach Ablauf angestrebt wird oder dieser z. B. mittels eines Stromspeichers optimiert wird. Dabei entspricht der natürliche Selbstverbrauch dem Anteil selbstverbrauchter Energie durch die Umrüstung des Messkonzepts, wohingegen beim optimierten Selbstverbrauch zusätzliche Maßnahmen ergriffen werden. Die Frage Eigenverbrauch ja / nein hängt zum einen vom Anlagenzustand, den wirtschaftlichen Rahmenbedingungen als auch von der Haltung des Betreibers ab [2].

Das Umweltministerium rechnet 2020 in einer Studie mit einer Umrüstung von 50 % auf Eigenverbrauch direkt nach Auslaufen der Förderung, weitere 25 % im zweiten Jahr und 5 % im dritten Jahr. Die restlichen 20 % verbleiben dauerhaft bis zum Betriebsende in der Volleinspeisung. Durch zusätzliche Optimierungsmaßnahmen kann der Anteil des natürlichen Verbrauchs zwischen 20 bis 40 % je Anlagengröße für PV-Anlagen auf 43 % bis 60 % gesteigert werden [2].

Im Bereich der Windkraftanlagen sind ab 2021 nach Recherchen der deutschen Windguard [4] ca. 6000 Anlagen mit einer Erzeugungsleistung von 4.500 MW pro Jahr betroffen. Danach folgen bis 2026 etwa 1.600 Windkraftanlagen mit einer installierten Leistung von 2.500 MW. Besonders betroffen sind hierbei die Bundesländer Schleswig–Holstein, Niedersachsen und Nordrhein-Westfalen [4, 5].

Literaturverzeichnis

1. Bundesministerium für Justiz und Verbraucherschutz (2021). Gesetz für den Ausbau erneuerbarer Energien (Erneuerbare-Energien-Gesetz – EEG 2021). Abgerufen am 1. März 2021 von https://www.gesetze-im-internet.de/eeg_2014/EEG_2021.pdf
2. Umweltbundesamt (Oktober 2020). Analyse der Stromeinspeisung ausgeförderter Photovoltaikanlagen und Optionen einer rechtlichen Ausgestaltung des Weiterbetriebs Weiterbetrieb ausgeförderter Photovoltaikanlagen – Kurzgutachten. Abgerufen am 01. März 2021 von https://www.umweltbundesamt.de/publikationen/analyse-der-stromeinspeisung-ausgefoerderter
3. PWC (November 2018). EEG-Förderung für alte Photovoltaik-Anlagen läuft aus. Abgerufen am 02. März 2021 von https://www.pwc.de/de/energiewirtschaft/eeg-foerderung-fuer-alte-photovoltaik-anlagen-laeuft-aus.html
4. Erneuerbare Energien (Mai 2020). Massenhafter Rückbau von Windkraftanlagen droht. Abgerufen am 2. März 2020 von https://www.erneuerbareenergien.de/massenhafter-rueckbau-von-windkraftanlagen-droht
5. ConEnergy (2020). Photovoltaikanlagen im Post-EEG-Zeitalter: Perspektiven für Anlagenbetreiber und Chancen für Energieversorger. Abgerufen am 2. März 2020 von https://www.conenergy-unternehmensberatung.com/photovoltaikanlagen-im-post-eeg-zeitalter/

Post-EEG: Kundenanforderungen

2

Bei dem Geschäftsfeld Post-EEG bzw. Weiterbetrieb von ausgeförderten Anlagen handelt es sich vor allem um ein Vertriebsthema, welches bei der Marktrolle des Lieferanten im EVU angesiedelt ist. Da EVU in der Regel der erste Ansprechpartner für den Weiterbetrieb von ausgeförderten Anlagen sein werden, ist es wichtig sich mit den Fragen und Bedürfnissen des Kunden auseinanderzusetzen. Aus diesem Grund stellt dieses Kapitel eine kurze Zusammenfassung möglicher Kundenfragen, -gruppen und Beweggründen aus Kundensicht dar. Eine umfassende Vollständigkeit wird für dieses Kapitel nicht erhoben. Vielmehr soll grob eine Idee skizziert werden, welche Fragen und Bedürfnisse Anlagenbetreiber von ausgeförderten Anlagen haben könnten.

2.1 Ausgangsfragen Kundensicht

Aus Sicht des Letztverbrauchers stellen sich für den Weiterbetrieb eine Vielzahl von Fragen, welche es zu beantworten gilt. Hierbei sind aus Kundensicht u. a. folgende Punkte zu klären:

Was bekomme ich (noch) für meinen selbst produzierten PV-Grünstrom?
Für EE-Anlagenbetreiber der ersten Stunde stellt sich die Frage, wie hoch in Zukunft die Vergütung pro erzeugte Kilowattstunde ausfällt. Gerade in den Anfangszeiten des EEG waren die Vergütungen aufgrund der Investitionskosten besonders hoch. Feste Einspeisevergütungen von 50 ct/kWh waren durchaus üblich, die natürlich im relativen Vergleich zum heutigen Börsenpreis von 3 ct bis 6 ct/kWh ziemlich hoch ausfallen. Aus diesem Grund muss der Anlagenbetreiber für sich klären, ob sich ein Weiterbetrieb der Anlage weiterhin lohnt, auch wenn diese bereits nach 20 Jahren abgeschrieben sein sollte. Für einen Weiterbetrieb müssen die Einnahmen über den Betriebskosten liegen [1].

M. Linnemann, *Post-EEG-Anlagen in der Energiewirtschaft*, https://doi.org/10.1007/978-3-658-35072-7_2

Wie kann ich meinen PV-Grünstrom selber verbrauchen? Was spare ich dann vielleicht gegenüber dem Strom vom Stadtwerk?

Die ersten Jahre im Rahmen der Einführung des EEG durften EE-Anlagen ihren erzeugten Strom ausschließlich in das öffentliche Stromnetz einspeisen, wenn diese die Förderung erhalten wollten. Ein Eigenverbrauch war somit ausgeschlossen. Aus diesem Grund muss der Betreiber der Anlage klären, in welcher Form eine Anpassung oder Erweiterung des Messkonzepts zur Umrüstung auf einen Eigenverbrauch erforderlich ist. In diesem Kontext stellt sich für den Letztverbraucher oft die Frage, inwieweit sich der Eigenverbrauch gegenüber der Belieferung elektrischer Energie seines Lieferanten/Stadtwerks rechnet [1, 2].

Wie bzw. womit könnte ich meinen Eigenverbrauch erhöhen?

Durch die geringen Erträge für die Einspeisung von Energiemengen in das öffentliche Stromnetz und deren Vermarktung ist der Eigenverbrauch aus finanzieller Sicht immer lukrativer. Aus diesem Grund stellt sich für den Anlagenbetreiber und Letztverbraucher die Frage, wie dessen Anteil gesteigert werden kann [2].

Was muss ich in meine Anlage stecken, um sie weiterbetreiben zu können?

Da die Erzeugungsanlage bei ausgeförderten Anlagen seit mehr als 20 Jahren in Betrieb ist, ist zu klären, welche Investitionsmaßnahmen für einen erfolgreichen Weiterbetrieb erforderlich sind. Gegebenenfalls ist der Austausch von Anlagenkomponenten wie z. B Wechselrichtern oder von einzelnen PV-Modulen erforderlich. Der Umfang der Investition ist auch eng mit der Frage der Dauer der geplanten Betriebsdauer verknüpft. So kann die Anlage z. B. ohne große Wartungsmaßnahmen bis zum völligen Verschleiß genutzt oder großzügig gewartet und erneuert werden, um eine möglichst lange Laufzeit zu erreichen. Maßgebliche Faktoren stellen vor allem der Business Case und die Verträge mit dem Dienstleister zur Vermarktung der produzierten Energie dar [3].

Investieren (PV-Panels, Messtechnik, Batterie, ...) oder lieber nicht, weil ich das Geld woanders brauche und die Anlage vielleicht gar nicht mehr so lange hält?

Neben der Frage eines wirtschaftlichen Weiterbetriebs stellt sich für den Anlagenbetreiber die Frage, ob eine Investition am besten in der Erzeugungsanlage oder in einem anderen Substitut angelegt ist. So könnten alternative Anlageformen dem Betreiber eine höhere Rendite versprechen, weswegen er die Investition in seine Erzeugungsanlage nicht tätigt. Auf der anderen Seite könnten wirtschaftliche Zwänge den Anlagenbetreiber dazu zwingen das Geld in andere Wirtschaftsgüter zu investieren. Hinzu kommt der psychologische Aspekt in den Glauben des Weiterbetriebs der Anlage. Geht der Anlagenbetreiber sowieso von einer kurzen Laufzeit aus, sinkt vermutlich die Investitionsbereitschaft.

Wer kann mich kompetent im Zusammenhang für den Weiterbetrieb meiner aus der Förderung auslaufenden Anlage beraten?

Eine wesentliche Frage für den Betreiber der ausgeförderten Anlage wird die des ersten Ansprechpartners im Zusammenhang mit dem Weiterbetrieb sein. Vermutlich wird diese Rolle ein EVU einnehmen, welches in den letzten 20 Jahren in der Rolle des Netzbetreibers für die Auszahlung der festen Einspeisevergütung verantwortlich war. Für den Kunden ist jedoch schwer ersichtlich, dass sich hinter einem EVU verschiedenste Marktrollen verbergen. Die Kunden sehen Vertrieb und Netz eines Energieversorgungsunternehmens oft als Einheit. Die Rollenverteilung und Aussagen der Marktrollen sollten sich aus Sicht des Unbundlings nicht widersprechen bzw. aufeinander aufbauen [3, 4].

Exkurs: Unbundling

Das Unbundling oder im deutschen auch Entflechtung genannt, regelt die Trennung des Stromnetzbetriebs vom Lieferanten innerhalb eines EVU. Demnach ist es dem Netzbetreiber nicht gestattet, selbst Strom in der Rolle des Lieferanten an Letztverbraucher zu liefern. Hierdurch soll die Neutralität des Netzbetreibers und die Sicherstellung des Wettbewerbs gewährleistet werden. Aus diesem Grund müssen Netzbetreiber buchhalterisch und informatorisch vom EVU entflochten werden. Dies bedeutet, dass der Netzbetreiber eine eigene Bilanz bzw. Buchhaltung führen muss, um eine Quersubventionierung zu verhindern. Des Weiteren sind alle wesentlichen Informationen des Stromnetzvertriebs diskriminierungsfrei zur Verfügung zu stellen. Dies wiederum bedeutet, dass ein Netzbetreiber allen Lieferanten die gleichen Informationen einheitlich zu Verfügung stellen muss. Je nach Größe eines EVU ist außerdem eine organisatorische und rechtliche Trennung in Form einer eigenen GmbH erforderlich. Somit ist es einem Netzbetreiber nicht gestattet dem Kunden Produkte zum Weiterbetrieb ausgeförderter Anlagen eines konkreten Lieferanten anzubieten. Ein formeller Verweis, den eigenen Lieferanten zu kontaktieren, sollte hingegen zulässig sein [4]. ◀

2.2 Beweggründe der Kunden

Welche der Fragestellungen aus Abschn. 2.1 für den Kunden relevant sind, hängt wesentlich von den persönlichen Motivationsgründen und Sichtweisen des Kunden ab. Zum einen wurde dem Kunden mit der Einführung des EEG im Jahr 2000 ein Sicherheitsversprechen mit einer Förderung über eine garantierte Laufzeit von 20 Jahren gegeben. Durch die stabile Rendite und planbare Einnahmen ist bei den Anlagenbetreibern ein hohes Sicherheitsgefühl entstanden, welches sie mit einer hohen Wahrscheinlichkeit auch über den Förderzeitraum gerne behalten würden.

Aus technischer Sicht ist die Gewährleistung einer stabilen Stromerzeugung mit einer hohen Wahrscheinlichkeit weiter möglich, da die meisten Anlagen noch für rund 5 bis

10 Jahre Strom erzeugen können. Der Wirkungsgrad der Anlagen liegt jedoch durch den Verschleiß meist nur noch bei 80 % des ursprünglichen Wirkungsgrades. Die Sicherstellung des weiteren Betriebs ausgeförderter Anlagen hängt somit maßgeblich von der Erzielung planbarer Einnahmen und der Ausgestaltung des Produkts zur Weitervermarktung des Stroms ab [5].

Die in der Regel älteren Anlagenbetreiber stehen vor dem Problem, dass der aktuelle Wert (Börsenwert oder Jahres-/Monatsmarktwert Solar) des erzeugten PV-Stroms wesentlich niedriger ist, als die bisherige EEG-Vergütung. Aus diesem Grund wird es für Anlagenbetreiber immer interessanter, den eigenen Strom selbst zu verbrauchen und sich so gegen die Strompreise der Energieversorger zu optimieren. Somit ist davon auszugehen, dass lediglich die Abnahme der Strommengen aus Sicht des EVU nicht ausreicht, um eine Vielzahl der Kunden mit dem eigenen Produkt für ausgeförderte Anlagen zu überzeugen. Somit geht es nicht nur darum, einen reinen Stromabnahmevertrag zu verkaufen, sondern den Kunden ganzheitlich bei seiner Anpassung der ausgeförderten Anlage zu beraten [2, 6].

Des Weiteren ist zu berücksichtigen, dass es sich bei vielen Anlagenbetreibern zu Beginn des EEG um Pioniere der Energiewende handelte, die einen Beitrag zum Klimaschutz leisten wollten. Gerade für Kunden mit diesen Beweggründen spielt der wirtschaftliche Faktor nicht unbedingt die primäre Rolle. Vielmehr streben diese Kunden eine möglichst lange Laufzeit ihrer Anlage an, um auch über den Förderzeitraum hinaus langfristig einen Beitrag zum Klimaschutz zu leisten [1, 6].

2.3   Kundengruppen

Auf Basis der Fragestellungen der Kunden und deren Beweggründe, die in den vorangegangenen Kapiteln dargestellt wurden, ist eine Ableitung von Kundengruppen möglich. Das Fraunhofer Institut hat in diesem Zusammenhang eine online Umfrage im Jahr 2019 mit potentiellen Anlagenbetreibern durchgeführt [7], welche in den nächsten Jahren vom Auslaufen aus der EEG-Förderung betroffen sind. Die Studie entstand im Rahmen des geförderten Forschungsprojekts C-Sells des BMWi [8, 9]. An der Studie nahmen ca. 1.300 Menschen teil, wobei das Durchschnittsalter 59 Jahre betrug. 90 % besaßen eine Anlage, welche in den nächsten 5 Jahren aus der Förderung auslaufen. In diesem Zusammenhang fanden 95 % der Befragten, dass eine Stilllegung der Anlage unattraktiv sei, weswegen 96 % ihre Anlage weiterbetreiben wollten. Insgesamt 84 % waren bereit hierzu Geld in die eigene Erzeugungsanlage zu investieren [7–9].

Insgesamt kristallisierten sich im Rahmen der Befragung für die Anlagenbetreiber vor allem drei verschiedene Kundengruppen (vgl. Abb. 2.1) heraus, wobei die Größe der Gruppen prozentual etwa gleich verteilt war:

	Nüchterne Pragmatiker	Bequeme Moderne	Besonders Motivierte
Informationsstand	Gering - Mittel	Gering - Mittel	Hoch
Investitionsbereitschaft	Gering	Gering - Mittel	Mittel - Hoch
Renditefokus	Hoch	Mittel	Gering - Mittel
Autarkiegrad	Unwichtig	Wichtig	Wichtig
Wille Beitrag zur Energiewende	Unwichtig	Eher Wichtig	Wichtig

Abb. 2.1 Klassifikation der Zielgruppen von Betreibern ausgeförderter Anlagen

1. Nüchterne Pragmatiker

Die Kundengruppe der nüchternen Pragmatiker zeichnet sich durch eine geringe Investitionsbereitschaft aus. Im Vordergrund steht eine möglichst langfristige Rendite im Verhältnis zu einem geringen Aufwand. Aus diesem Grund ist diese Kundengruppe weniger über die verschiedenen Optionen des Weiterbetriebs ausgeförderter Anlagen informiert. Themen wie Autarkie, Netzdienlichkeit oder Umweltschutz spielen eine untergeordnete Rolle. Neuartige Geschäftsmodelle sind von geringerem Interesse, wenn der Aufwand für den Kunden zu hoch ist. Ein Weiterbetrieb der Anlage ist somit für den Kunden nur interessant, wenn dies mit geringem Aufwand und einer entsprechenden Rendite verbunden ist [7–9].

2. Besonders Motivierte

Die Kundengruppe der *besonders Motivierten* zeichnet sich als vorbildlichen Muster-Anlagenbetreiber aus. Die Kunden sind besonders gut informiert über die aktuellen Entwicklungen und die damit verbundenen Möglichkeiten des Weiterbetriebs der Anlage. Die Motivation kann aus dem Willen entspringen, einen Beitrag zur Energiewende zu leisten oder die eigene Technikaffinität ausleben zu können. Aus diesem Grund hat die Kundengruppe der besonders Motivierten eine hohe Zahlungsbereitschaft, um weitere Investitionen zu tätigen. Neuartige Geschäftsmodelle wie z. B. im Bereich der Sharing Economy von ausgeförderten Anlagen sind daher für diesen Kunden durchaus interessant [7–9].

3. Bequeme Moderne

Die Kundengruppe der bequemen Modernen ist im Regelfall noch (fast) gar nicht über die Optionen des möglichen Weiterbetriebs der Anlage informiert und hat wenig Interesse einen hohen Informationsaufwand zu betreiben. Im Gegensatz zur Gruppe der nüchternen Pragmatiker sind sie jedoch bereit Investitionen in die eigene Anlage zu tätigen. Ein wesentliches Ziel der Kundengruppe der bequemen Modernen ist die Erreichung der Unabhängigkeit gegenüber dem Strompreis des EVU. Das Thema Eigenverbrauchsoptimierung spielt daher eine wesentliche Rolle, weswegen ein gewisser Grad an Technikaffinität vorausgesetzt werden kann. Neuartige Geschäftsmodelle können für diese Kundengruppe interessant sein, wenn sie aktiv zur Steigerung der eigenen Unabhängigkeit gegenüber dem Strompreis des EVU beitragen [7–9].

2.4 Handlungsmöglichkeiten des Kunden

Grundsätzlich stehen dem Kunden verschiedenste Handlungsmöglichkeiten zur Verfügung wie mit dem Auslaufen der Förderung der eigenen Erzeugungsanlage aus dem EEG umgegangen werden kann. Die Auswahl der Handlungsmöglichkeiten hängt in diesem Kontext stark von den Bedürfnissen und Interessens der jeweiligen Kundengruppe ab (vgl. Abschn. 2.3). Die Umsetzung der Handlungsmöglichkeit hängt jedoch stark mit dem Produkt des jeweiligen Dienstleisters und energiewirtschaftlichen Vermarktungsmöglichkeiten ab (vgl. Kap. 1 & Kap. 1). Zur Auswahl des passenden Produkts und Definition der eigenen Handlungsmöglichkeiten (vgl. Abb. 2.2) muss sich der Anlagenbetreiber folgende Fragen beantworten [7–9]:

Option 1 – Rückbau: Möchte ich meine Anlage zurückbauen?
Im Falle eines Rückbaus wird die bestehende Anlage komplett demontiert und entsorgt. Der Standort wird zurück in den ursprünglichen Zustand zurückversetzt. Die Neuerrichtung einer Anlage findet nicht statt.

Option 2 – Anlagenaustausch: Soll ich meine Anlage nach Ablauf der Förderdauer austauschen?
Im Gegensatz zur ersten Option des Rückbaus stellt das Repowering bzw. der Austausch eine Erneuerung der Anlage dar. Hierfür erfolgt eine komplette Demontage der Anlage mit einer anschließenden Neuerrichtung am selben Ort. Durch die Neuerrichtung gilt die Anlage im Sinne des EEG als Neuanlage und wird dadurch wieder über einen Zeitraum von 20 Jahren gefördert [2, 10].

Option 3 – Dienstleistervermarktung: Soll ich einen Dienstleister beauftragen, welcher sich um meine Anlage kümmert?
Grundsätzlich hat der Anlagenbetreiber die Möglichkeit, die Vermarktung des eingespeisten Stroms in das öffentliche Stromnetz über einen Dienstleister durchführen

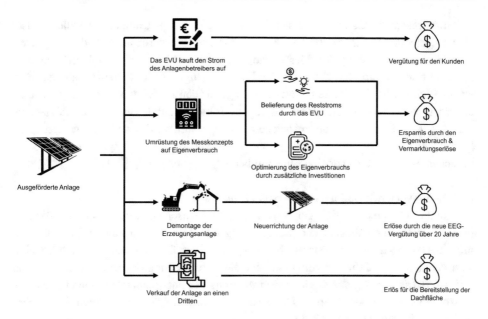

Abb. 2.2 Überblick – Handlungsoptionen für Betreiber ausgeförderter Anlagen

zu lassen. Der Kunde könnte z. B. einen festen Preis pro eingespeiste Kilowattstunde erhalten oder muss dem Dienstleister eine Gebühr für die Übernahme der Vermarktungs- dienstleistung bezahlen. Die vertragliche Grundlage bilden Power Purchase Agreements (PPA) zwischen dem Anlagenbetreiber und Dienstleister (vgl. Abschn. 5.1). Die Art der Vermarktung ist auch stark abhängig von dem jeweiligen Produkt welches der Dienst- leister dem Anlagenbetreiber anbietet (vgl. Kap. 1) [2].

Option 4 – Netzbetreibermodell: Soll ich die Weitervermarktungslösung des Netz- betreibers für meine Anlage nutzen?
Durch die Novellierung des EEG 2021 gibt es für kleine EE-Anlagen unter 100 kW eine Vermarktungsmöglichkeit bis Ende 2027, die dem Betreiber einen festen Preis pro kWh garantiert. Dieser liegt jedoch deutlich unter der ehemaligen Förderung und ist abhängig vom Marktpreis je Energieträger an der Börse (vgl. Abschn. 3.1.2). Für den Anlagenbe- treiber stellt sich daher die Frage, ob für die Weitervermarktung der Energie besser das Angebot eines Dienstleisters – wie in Option 3 – interessanter ist oder die Weiterver- marktung überschüssiger Strommengen durch den Netzbetreiber erfolgen sollte [2].

Option 5 – Eigenverbrauchsoptimierung: Soll ich meine Anlage umrüsten für den Eigenverbrauch und ggf. noch verbessern?
Wenn der Kunde sich bewusst für den Weiterbetrieb der Anlage entscheidet, bei dem eine Vermarktung der Energie nach Option 3 oder Option 4 erfolgt, ist das Thema des

Eigenverbrauchs zu klären. Da es sich bei den ersten Anlagen immer um Volleinspeiser in das öffentliche Stromnetz handelt, ist für die Inanspruchnahme des Eigenverbrauchs eine Anpassung des Messkonzepts erforderlich. Die Kosten hierfür können stark schwanken und sind u. a. von der Frage abhängig, ob eine neuer Zählerschrank erforderlich ist. Ist der Kunde bereit, die Anlage für den Eigenverbrauch anzupassen, ist außerdem zu klären, ob die Höhe des Eigenverbrauchs durch zusätzliche Maßnahmen wie z. B. dem Einsatz von Stromspeichern durchgeführt werden soll. Voraussetzung ist hierfür ein guter Zustand der Anlage, um noch eine möglichst lange Lebensdauer zu erreichen. Hierfür ist immer eine Einzelfallbetrachtung notwendig [2, 11].

Option 6 – Verkauf: Soll ich meine Anlage verkaufen?
Als weitere Option kann sich der Anlagenbetreiber entscheiden das Risiko des Weiterbetriebs durch einen Verkauf der Anlage abzugeben. Der Verkauf kann z. B. verbunden mit einer Verpachtung der Dachfläche erfolgen. So erhält der Anlagenbetreiber weiter eine Vergütung pro Jahr. Allerdings nur für die Bereitstellung der Dachfläche. Wartung und den Betrieb der Anlage sowie die Vermarktung der Energiemengen fallen in den Verantwortungsbereich des Käufers. Das Risiko ist somit für den ehemaligen Anlagenbetreiber als Verkäufer gering [12, 11].

Literatur

1. BNetzA (2021). Monitoringbericht 2020. Abgerufen am 2. März 2020 von https://www.bundesnetzagentur.de/SharedDocs/Mediathek/Berichte/2020/Monitoringbericht_Energie2020.pdf?__blob=publicationFile&v=7
2. Bundesministerium für Justiz und Verbraucherschutz (2021). Gesetz für den Ausbau erneuerbarer Energien (Erneuerbare-Energien-Gesetz – EEG 2021). Abgerufen am 1. März 2021 von https://www.gesetze-im-internet.de/eeg_2014/EEG_2021.pdf
3. items GmbH (Oktober 2019). PV-Anlagen im Post-EEG Zeitalter. Abgerufen am 4. März 2020 von https://itemsnet.de/blogging/pv-anlagen-im-post-eeg-zeitalter/
4. Bundesministerium für Justiz und Verbraucherschutz (Februar 2021). Gesetz über die Elektrizitäts- und Gasversorgung (Energiewirtschaftsgesetz – EnWG). Abgerufen am 4. März 2021 von https://www.gesetze-im-internet.de/enwg_2005/EnWG.pdf
5. Umweltbundesamt (Oktober 2020). Analyse der Stromeinspeisung ausgeförderter Photovoltaikanlagen und Optionen einer rechtlichen Ausgestaltung des Weiterbetriebs Weiterbetrieb ausgeförderter Photovoltaikanlagen – Kurzgutachten. Abgerufen am 01. März 2021 von https://www.umweltbundesamt.de/publikationen/analyse-der-stromeinspeisung-ausgefoerderter
6. BDEW (Oktober 2020). Stadtwerke Studie 2020. Abgerufen am 14. März 2021 von https://www.bdew.de/media/documents/EY_BDEW_-20-032_STU_Stadtwerke2020_BKL_2009-032_oXKynUm.pdf
7. Fraunhofer ISE (2019). Wie geht es weiter nach dem EEG? Fraunhofer ISE befragt Besitzer der frühen EEG-geförderten PV-Anlagen. Abgerufen am 20. Oktober 2020 von https://www.ise.fraunhofer.de/de/presse-und-medien/presseinformationen/2019/wie-geht-es-weiter-nach-dem-eeg-fraunhofer-ise-befragt-besitzer-der-fruehen-eeg-gefoerderten-pv-anlagen.html

8. Bundesministerium für Wirtschaft und Energie (2020). C-Sells – Energiewende Zellulär – Partizipativ – vielfältig umgesetzt. Abgerufen am 4. März 2021 von https://www.house-of-energy.org/mm/mm001/CSells_Buch_15GradCSellsius_WEB_20201209_compressed.pdf

9. C-Sells (2019). Studienteilnahme: Das Auslaufen der Einspeisevergütung für PV-Anlagen – zukünftige Betriebsoptionen. Abgerufen am 4. März 2021 von https://www.csells.net/de/PV-Studie

10. BWE (2020). Eigenversorgung, Direktlieferung, Power-to-X und Regelenergie –sonstige Erlösoptionen außerhalb des EEG – Leitfaden. Abgerufen am 7. März 2021 von https://www.wind-energie.de/fileadmin/redaktion/dokumente/publikationen-oeffentlich/beiraete/juristischer-beirat/20171222_Eigenversorgung_Direktlieferung_Power-to-X_und_Regelenergie-final.pdf

11. VBEW (Februar 2021). VBEW-Messkonzepte – Handout zur Auswahl der Messkonzepte. Angerufen am 9. März 2021 von https://www.swm-infrastruktur.de/dam/jcr:94f532d5-e88c-4339-b0c7-e91180681ed7/vbew-messkonzepte-erzeugungsanlagen.pdf

12. PWC (November 2018). EEG-Förderung für alte Photovoltaik-Anlagen läuft aus. Abgerufen am 02. März 2021 von https://www.pwc.de/de/energiewirtschaft/eeg-foerderung-fuer-alte-photovoltaik-anlagen-laeuft-aus.html

Post-EEG: Vermarktungsmöglichkeiten

3

3.1 Vermarktungsmöglichkeiten

3.1.1 Übersicht Vermarktungsmöglichkeiten

Aus Sicht des EVU in der Marktrolle des Lieferanten stellt sich die Frage wie die Weitervermarktung der produzierten elektrischen Energie aus ausgeförderten Anlagen erfolgen kann. Hierfür bietet der regulatorische Rahmen mehrere Vermarktungsmöglichkeiten, welche im Rahmen dieses Kapitels vorgestellt werden. Die verschiedenen Möglichkeiten bilden die Grundlage für mögliche Produkte (vgl. Kap. 1), welche das EVU einem Kunden anbieten kann.

Insgesamt gibt es aus Sicht des Lieferanten drei klassische Vermarktungsmöglichkeiten (vgl. Abb. 3.1), wobei manche Möglichkeiten miteinander kombiniert werden können bzw. müssen. Folgende Vermarktungsoptionen sind hier zu nennen und sollen in den einzelnen, folgenden Abschnitten näher erläutert werden [1, 2]:

3.1.2 Netzbetreibermodell (Auffangvergütung)

Das Netzbetreibermodell wurde neu mit der Novellierung des EEG 2021 geschaffen. Es soll eine Art Auffangvergütung für kleinere Anlagen mit einer Leistung von < 100 kW bis zum Jahr 2027 sowie für Windkraftanlagen an Land bis Ende 2021 sicherstellen. Da bis Dezember 2020 noch keine Novellierung des EEG beschlossen war, welches eine verbindliche, gesetzliche Grundlage für den Weiterbetrieb von ausgeförderten Anlagen lieferte, wurde kurzfristig das Netzbetreibermodell etabliert, was eine Weitervermarktung der genannten EE-Anlagen durch den Netzbetreiber vorsieht. Zum einen geschah dies, um eine Wildeinspeisung von Anlagen zu verhindern, aber auch um

M. Linnemann, *Post-EEG-Anlagen in der Energiewirtschaft*,
https://doi.org/10.1007/978-3-658-35072-7_3

	Einspeise-vergütung (EEG-Förderung)	Netzbetreiber-modell (Auffangvergütung)	Geförderte Direkt-vermarktung	Sonstige Direkt-vermarktung
Stromverkäufer / Vertragspartner	Netzbetreiber	Netzbetreiber	Direktvermarkter / Dritter	Direktvermarkter / Dritter
Vergütung	Festlegung im EEG je Energieträger	Jahresmarktwert	Monatsmarktwert + Marktprämie	Indiv. Verhandlung
Laufzeit	20 Jahre	< 100 kW Ende 2027 > 100 kW WKA Ende 2021	20 Jahre	Indiv. Verhandlung 1 bis 5 Jahre
Eigenverbrauch	ja	ja	Ja (bei Ausschreibungen i.d.R. untersagt)	ja
Im EEG Förderzeitraum	Ja	Nein	Ja	Ja
Außerhalb EEG-Förderung	Nein	Ja	Nein	Ja

Abb. 3.1 Überblick Vermarktungsoptionen für ausgeförderte Anlagen

kleineren Anlagenbetreibern eine schnelle, kostengünstige und unbürokratische Lösung zu bieten die Anlage über den 01. Januar 2021 hinaus betreiben zu können und eine Abschaltung zu verhindern [1].

Daher sieht der Gesetzgeber für kleinere Anlagen mit einer Erzeugungsleistung kleiner 100 kW, welche aus der EEG-Förderung auslaufen, eine Anschlussfinanzierung bis zum 31.12.2027 vor. Demnach haben Anlagenbetreiber die Möglichkeit, ihren Strom über den Netzbetreiber gegen eine feste Einspeisevergütung zum Jahresmarktwert des jeweiligen Energieträgers vermarkten zu lassen. Der Jahresmarktwert ergibt sich aus dem direkt vermarkteten Strom aus Wasserkraft, Deponiegas, Klärgas, Grubengas, Biomasse und Geothermie des Spotmarktpreises. Der Jahresmarktwert für Solar, Wind an Land und auf See ergibt sich nach Anlage 1 Nr. 4.2/3 EEG EEG 2021 [1].

Für die Vermarktung des Stroms durch den Netzbetreiber wird Anlagenbetreibern nach §53 Abs. 2 EEG 2021 ein bestimmter Betrag vom Jahresmarktwert für die Vermarktungsaufwände abgezogen. Für das Jahr 2021 beträgt die Gebühr 0,4 ct/kWh. Ab 2022 haben die Übertragungsnetzbetreiber den anzulegenden Wert festzulegen und zu veröffentlichen. Besitzen die Anlagenbetreiber ein intelligentes Messsystem (iMsys) verringert sich der geltende Satz um die Hälfte. Alternativ haben die Anlagenbetreiber die Möglichkeit, auf eine feste Einspeisevergütung des Netzbetreibers zu verzichten und ihren Strom in der sonstigen Direktvermarktung über einen Direktvermarkter zu veräußern [1].

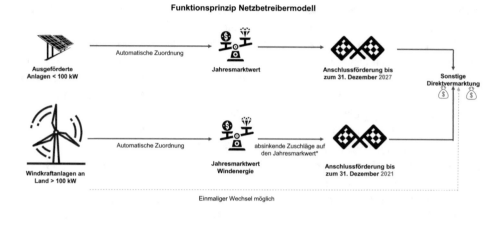

Abb. 3.2 Funktionsprinzip Netzbetreibermodell für ausgeförderte Anlagen nach dem EEG 2021 [1, 4]

Für kleine Anlagen zur Eigenversorgung ist ab dem 1.1.2021 nach § 61b Abs. 2 EEG 2021 zu berücksichtigen, dass keine EEG-Umlage bis zu einer Leistung von 30 kW mehr erhoben wird. Bei einer Volleinspeisung der Anlage bis 100 kW ist eine verpflichtende Fernsteuerbarkeit nicht zwingend notwendig. Bei einer Inanspruchnahme der Weiterförderung durch den Netzbetreiber kann auf technische Veränderungen vorerst verzichtet werden. Wird eine Anlage mit einem iMsys ausgestattet, ist eine Bilanzierung über SLP-Profile nicht mehr zulässig. Die Informationsgrundlage aus dem iMsys ist zur Bilanzierung anzuwenden (Prosumer-Bilanzierung) [1].

Für ausgeförderte Windenergieanlagen an Land besteht ein separater Fördermechanismus. Konkret haben Betreiber von Windenergielangen an Land zwei unterschiedliche Möglichkeiten, ihre Anlagen weiter zu betreiben (vgl. Abb. 3.2). Die erste Möglichkeit für Anlagenbetreiber ist ebenfalls die Inanspruchnahme einer festen Auffangvergütung und Vermarktung durch den Netzbetreiber. Die Anschlussförderung gilt allerdings nur für einen kürzeren Zeitraum bis zum 31. Dezember 2021. Die ausgeförderten Windenergieanlagen an Land erhalten bis Ende des Jahres 2021 den Monatsmarktwert zuzüglich eines Zuschlags. Die Höhe des Zuschlags sinkt mit jedem Quartal. Um einen Anspruch auf die Anschlussförderung zu erhalten, haben Betreiber ausgeförderter Windenergieanlagen an Land bestimmte Voraussetzungen zu erfüllen. Hierzu gehört die Mitteilung sämtlicher Beihilfen des Anlagenbetreibers an den Netzbetreiber. In dieser hat er dem Netzbetreiber mitzuteilen, welche Höchstbetrag Zuschläge je Anlage in Anspruch genommen werden sollen. Diese Höchstbeträge zuzüglich der gewährten Beihilfen dürfen im gesamten Portfolio des Anlagenbetreibers und mit ihm verbundener Unternehmen einen Betrag von 1,8 Mio. € je Anlage nicht überschreiten [1, 3].

Ab dem Jahr 2022 ist der Anlagenbetreiber der Windkraftanlage verpflichtet, den Strom selbst oder über einen Direktvermarkter in der sonstigen Direktvermarktung zu vermarkten. Alternativ besteht die Möglichkeit, auf die Auffangvergütung zu verzichten und direkt in die Sonstige Direktvermarktung zu gehen. Ein Wechsel vom Netzbetreibermodell für ausgeförderte Windenergieanlagen an Land in die Sonstige Direktvermarktung ist nur einmal möglich. Spekulationen auf eine bessere Vergütung sollen so verhindert werden.

Mit der Anschlussregelung des EEG 2021 besteht für die Mehrheit der Anlagen ein rechtssicherer Finanzierungsmechanismus. Handelt es sich allerdings bei der Erzeugungsanlage nicht um eine Windkraftanlage an Land und liegt die Erzeugungsleistung überhalb 100 kW, so muss die Anlage bereits ab dem 01. Januar 2021 in die Sonstige Direktvermarktung wechseln. Dies betrifft vorrangig größere Biogasanlagen. Diese haben allerdings mehrere Möglichkeiten, weiterhin von einer Förderung zu profitieren. Hierzu gehört u. a. die Möglichkeit der Übertragung von Biomethan-Kapazitäten nach § 100 Abs. 3 EEG 2017 i.V. mit § 100 Abs. 1 EEG 2021 bzw. § 100 Abs. 5 EEG 2021, die Teilnahmemöglichkeit von Bestands-Biogasanlagen an EEG-Ausschreibungen unabhängig von der Leistung der Anlage oder die vollständige Ersetzung der Altanlage durch eine Neuanlage [1].

Um von der Anschlussregelung profitieren zu können, ist es wichtig, die Anlagen dem richtigen Bilanzkreis zuzuordnen. Anlagen, die von einer Anschlussregelung profitieren, sind dem EEG-Bilanzkreis des Netzbetreibers zuzuordnen. Die Zuordnung erfolgt automatisch, sofern der Anlagenbetreiber keine andere Zuordnung getroffen hat, § 21c Abs. 1 Satz 3 EEG 2021. Der Wechsel des Bilanzkreises erfolgt über die normalen Wechselprozesse [1].

In der ursprünglichen Fassung des EEG 2021 war eine dritte Weiterbetriebsmöglichkeit für ausgeförderte Windenergieanlagen an Land mittels einer Ausschreibung beschlossen. Die Teilnahme an einer Ausschreibung für ausgeförderte Windenergieanlagen an Land war im §23b EEG 2021 geregelt. Im Rahmen der Ausschreibung hätten Anlagenbetreiber Gebote zwischen 3 ct/kWh und 3,8 ct/kWh abgegeben können. Teilnehmen hätten nur ausgeförderte Windenergielagen an Land gedurft, welche auf einer Fläche stehen, die nicht für die planungsrechtliche Errichtung einer neuen Anlage oder ein Repowering geeignet sind. Insgesamt sah der Gesetzgeber zwei Ausschreibungen für 2021 mit 1.500 MW und 2022 mit 1.000 MW vor. Bei einer Unterzeichnung waren die Zuschläge auf 80 % der Gebote begrenzt. Windenergieanlagen an Land ohne Ausschreibungszuschlag sollten in 2021 und 2022 unterschiedliche, absinkende Zuschläge von 1 ct/kWh bis 0,25 ct/kWh erhalten. Somit wäre die Dauer der Anschlussfinanzierung 12 Monate länger gewesen. Diese Regelung erhielt jedoch von der EU im April 2021 keine beihilferechtliche Genehmigung. Da nach Ansicht der EU die ausgeförderten Windenergieanlagen sich über die Förderdauer von 20 Jahren aromatisiert haben, sei eine weitere Förderung durch die Ausschreibung nicht zulässig. Aus diesem Grund wurde auch eine Überprüfung der Beihilfe von ausgeförderten Windkraftanlagen an

Land eingeführt, welche lediglich für das Jahr 2021 die Auffangvergütung im Netzbetreibermodell in Anspruch nehmen wollen[1, 3–6].

Durch die Vorbehalte der Europäischen Union kann es noch zu einer weiteren Änderung des Netzbetreibermodells kommen. Der Gesetzgeber überlegt in diesem Kontext die Grenze von 100 kW für ausgeförderte Anlagen zu erhöhen bzw. ganz abzuschaffen. Hierdurch könnten mehr bzw. alle ausgeförderten Anlagen über den Netzbetreiber weitervermarktet werden. Die Vergütung dürfe aber die Höhe des Jahresmarktwert ab 2022 nicht mehr überschreiten. Da die Jahresmarktwerte in 2020/21 oft unterhalb der Börsenpreise lagen, ist abzuwarten inwieweit eine Ausweitung der Regelung für Anlagenbetreiber interessant sein könnte. Die genaue Nachjustierung nach der Entscheidung EU stand zum Zeitpunkt der Erstellung des Buches noch nicht fest. Es ist jedoch nicht zu erwarten, dass eine Anhebung der 100 kW Grenze eine große Auswirkung aufgrund der niedrigen Vergütung auf die dargestellten Produktvarianten in Kap. 4 hat [1, 4–6].

3.1.3 Sonstige Direktvermarktung

Als Alternative zum Netzbetreibermodell, bei der die Strommengen durch den Netzbetreiber vermarktet werden, gibt es die Option „Sonstige Direktvermarktung" durch einen Direktvermarkter. Bei einem Direktvermarkter handelt es sich um einen Dienstleister, welcher Anlagen bündelt und diese zentral an der Börse oder bilateralen Handelsplätzen vermarktet. Im Gegensatz zur geförderten Direktvermarktung hat der Anlagenbetreiber in der Sonstigen Direktvermarktung keinen Anspruch auf die Marktprämie nach dem EEG [1].

In der Sonstigen Direktvermarktung wird die Höhe der Vergütung des Stroms individuell zwischen dem Anlagenbetreiber und dem Direktvermarkter festgelegt (vgl. Abb. 3.3). Die Erzielung weiterer Einnahmen ist durch die Ausstellung von Herkunftsnachweisen möglich. Da ausgeförderte Anlagen in der Sonstigen Direktvermarktung nicht durch das EEG gefördert werden, unterliegen diese nicht dem Doppelvermarktungsverbot nach §80 EEG. Somit besteht eine Anspruchsgrundlage für die Registrierung der Anlage am Zertifikatehandel, um den Strom als Ökostrom zu vermarkten. Die Zertifikate sind gerade für Stromlieferanten interessant, um das eigene Portfolio mit Ökostrom aus deutschen Anlagen aufzuwerten. Voraussetzung ist die Registrierung der Anlage durch den Anlagenbetreiber oder beauftragten Direktvermarkter beim Herkunftsnachweisregister [1, 2].

Die Sonstige Direktvermarkter stellt immer die erste Möglichkeit für Anlagenbetreiber zur Vermarktung von produziertem Strom mit der Weiterleitung über das öffentliche Stromnetz dar, wenn diese das Netzbetreibermodell nicht in Anspruch nehmen wollen oder dürfen. Dies gilt ebenfalls, wenn ein EVU dem Anlagenbetreiber die Anlage abkauft und die Strommengen vermarktet.

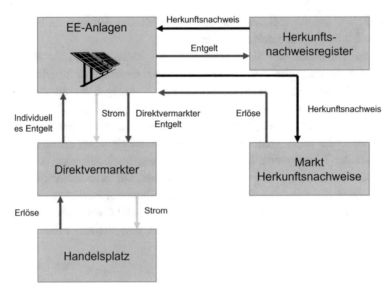

Abb. 3.3 Funktionsweise Sonstige Direktvermarktung

Exkurs: geförderte Direktvermarktung

Seit der Entstehung im Jahr 2000 hat das EEG mehrere Novellierungen und Anpassungen der Fördersystematik durchlaufen. Unter der Annahme die einzelnen vielen kleinen Sonderregeln des EEG nicht zu betrachten, kann das Fördersystem des EEG auf zwei verschiedene Fördersysteme zusammengefasst werden. Begonnen hat das EEG mit einer festen Einspeisevergütung für jede erzeugte Kilowattstunde, welche von EE-Anlagen in das öffentliche Stromnetz eingespeist wurden. Ein Eigenverbrauch war zu Beginn nicht gestattet. Vielmehr handelte es sich bei jeder Anlage um sog. Volleinspeiser. Nach der Zulassung des Eigenverbrauchs für neu angeschlossene EE-Anlagen wurde 2014 die verpflichtende geförderte Direktvermarktung für alle neuangeschlossenen EE-Anlagen größer 100 kW eingeführt. Altanlagen vor 2014 steht ein Wechsel in die geförderte Direktvermarktung frei. Anlagen unter einer Leistung von 100 kW bekommen noch eine feste Einspeisevergütung [1, 7].

In der Direktvermarktung erfolgt die Vermarktung der eingespeisten Strommengen nicht mehr durch den Netzbetreiber, sondern durch einen Direktvermarkter. Des Weiteren erhält der Anlagenbetreiber keine Einspeisevergütung mehr pro eingespeiste Kilowattstunde, sondern eine sog. Marktprämie. Der Verkauf der Energie findet meist auf der Strombörse statt.

Der Ursprungsgedanke des Marktprämienmodells ist eine bessere Integration der erneuerbaren Energien in den Markt aufgrund der fehlenden Anreize aus der festen Einspeisevergütung. Anlagenbetreiber hatten – wegen der festen Rendite – kein

Interesse sich marktdienlich zu verhalten, da sie unabhängig von den Börsenpreisen eine feste Vergütung erhalten. Gleichzeitig ist eine effiziente Vermarktung der Energie über den Netzbetreiber an der Börse nicht gegeben, da dieser keinen Gewinn mit den erzeugten Stromerträgen erwirtschaftet und die Verwaltungsaufwände erstattet bekommt. Negative Strompreise, wie sie bei einem Überangebot entstehen, spielen bei einer Vermarktung von Netzbetreibern keine Rolle [1, 7].

Aus diesem Grund wurde das Marktprämienmodell entwickelt, in welchem der Strom nicht mehr über den Netzbetreiber, sondern über den Anlagenbetreiber direkt oder einen Direktvermarkter an der Börse oder dem OTC-Markt vermarktet werden. Der Anlagenbetreiber erhält dort den regulären Marktpreis. Im zweiten Schritt findet der Verkauf der Energie über die Vertriebe an den Endkunden statt. Zusätzlich erhält der Anlagenbetreiber von seinem Netzbetreiber eine sog. Marktprämie. Die Finanzierung erfolgt über die EEG-Umlage [1, 7].

Die Markprämie errechnet sich aus zwei Komponenten und setzt sich aus der Differenz einer fixen Einspeisevergütung (anzulegender Wert nach dem EEG) und eines Referenzmarktwertes auch Monatsmarktwert genannt zusammen. Der Referenzertrag ergibt sich aus einem energieträgerspezifischen Marktwert minus einer Managementprämie. Der energieträgerspezifische Marktwert errechnet sich aus den durchschnittlichen Stundenpreisen des Spotmarkts, welche mit unterschiedlichen energieträgerspezifischen Faktoren verrechnet werden [1, 7].

Bei der Marktprämie handelt es sich um eine gleitende Marktprämie, da diese jeden Monat neu berechnet wird. Ihre Höhe ist abhängig vom jeweiligen Energieträger. So können PV-Anlagen eine höhere Einspeisevergütung als Windkraftanlagen bekommen. Die Ausgangsbasis zur Berechnung der Marktprämie der festen Einspeisevergütung ist die Einspeisevergütung des EEG. Seit dem Jahr 2017 findet für größere PV-Anlagen, Windkraftanlagen und Biogasanlagen eine Ausschreibung statt, in der auf die Höhe der festen Einspeisevergütung zur Berechnung der Marktprämie geboten wird.

Über die gleitende Marktprämie, welche jeden Monat neuberechnet wird, und die eigene Vermarktung an der Börse ist der Anlagenbetreiber in der Lage, höhere Einnahmen zu erzielen. Dies ist in Abb. 3.4 dargestellt. Anstatt für jede erzeugte Kilowattstunde einen festen Preis zu erhalten, kann der Anlagenbetreiber durch eine gute Vermarktungsstrategie höhere Einnahmen erzielen. Da es sich im Referenzmarktwert um einen Durchschnittspreis handelt, kann der aktuelle Preis über dem Marktpreis an der Börse liegen. In diesem Fall liegen die Erlöse des Anlagenbetreibers oberhalb des Modells der festen Einspeisevergütung. Andersherum kann der Marktpreis auch unter dem Referenzpreis liegen, wodurch die Einnahmen unterhalb der fixen Einspeisevergütung liegen. Durch das System sollen erste Preissignale erzeugt werden, welche die Integration von erneuerbaren Energien am Markt fördern. Darüber hinaus haben die Anlagenbetreiber die Möglichkeit, weitere Märkte wie den Regelenergiemarkt zu erschließen und dort zusätzliche Einnahmen zu erzielen. Für Biogasanlagen gibt es auch noch weitere Fördermodelle [1, 7]. ◄

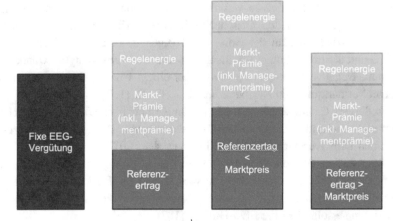

Abb. 3.4 Funktionsweise Marktprämienmodell (geförderte Direktvermarktung) [8]

3.1.4 Direktlieferung ohne öffentliches Stromnetz

Bei einer Direktlieferung handelt es sich um die Belieferung mit elektrischer Energie von einem Anlagenbetreiber an einen Dritten ohne die Inanspruchnahme des öffentlichen Stromnetzes (vgl. Abb. 3.5). Eine Personenidentität zwischen dem Dritten und dem Anlagenbetreiber besteht nicht, da es sich sonst um einen Eigenverbrauch handeln würde. Würde der Strom nicht über eine direkte nichtöffentliche Leitung, sondern über das öffentliche Stromnetz transportiert werden, so läge im Sinne des EEG eine geförderte oder Sonstige Direktvermarktung vor. Aus diesem Grund liegt bei einer Direktlieferung i. d. R. eine räumliche Nähe zwischen dem Anlagenbetreiber und Dritten als Letztverbraucher vor, da der Aufbau einer Direktleitung im Gegensatz zur Nutzung des öffentlichen Stromnetzes nicht wirtschaftlich wäre. Für eine solche Direktlieferung – oder im EEG auch Direktvermarktung genannt – setzt das EEG auch zwingend die räumliche Nähe voraus. Nach §3 Nr.16 EEG wird daher unter dem Begriff Direktvermarktung auch „die Veräußerung von Strom aus erneuerbaren Energien oder aus Grubengas an Dritte, es sei denn, der Strom wird in unmittelbarer räumlicher Nähe zur Anlage verbraucht und nicht durch ein Netz durchgeleitet" [1] werden verstanden.

Durch die Direktbelieferung des Anlagenbetreibers an den Letztverbraucher nimmt der Anlagenbetreiber im Sinne des EEG die Rolle eines Elektrizitätsversorgungsunternehmens ein (§3 Nr.20 EEG). Hierdurch steigt für den Anlagenbetreiber als Elektrizitätsversorgungsunternehmen der administrative Aufwand. So ist dieser nun für die volle Abführung der EEG-Umlage für den gelieferten Strom an den Übertragungsnetzbetreiber (ÜNB) verantwortlich (§60 EEG). Hinzu kommen spezielle Meldepflichten, welche ebenfalls zu beachten sind. Des Weiteren hat der Anlagenbetreiber dem ÜNB unverzüglich die Basisdaten zu melden. Hierzu hat der Anlagenbetreiber mitzuteilen, ob und ab wann ein Fall der Lieferung vorliegt. Ebenso hat er zu melden, auf welcher

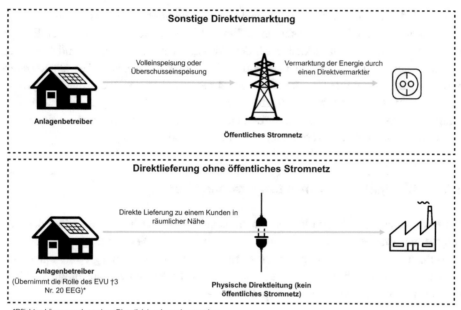

Abb. 3.5 Vergleich Sonstige Direktvermarktung & Direktlieferung ohne öffentliches Stromnetz

Grundlage eine Reduzierung der EEG-Umlage vorliegt, falls der belieferte Dritte diese in Anspruch nehmen kann [1, 8].

Hinzu kommt außerdem die Pflicht der Jahresendabrechnung gegenüber dem belieferten Dritten. Da der Anlagenbetreiber im Falle einer Direktlieferung auch als EVU im Sinne des EnWG gewertet wird, sind die Stromkennzeichnungspflichten des EnWG einzuhalten. Im Falle einer Belieferung von Haushaltskunden ist außerdem eine Anzeigepflicht gegenüber der Bundesnetzagentur (BNetzA) erforderlich (§5 EnWG). Im Rahmen der Gestaltung der Stromlieferverträge wären zusätzlich die Regeln und allgemeinen Vorgaben zur AGB-Gestaltung zu beachten. Die Pflichten des allgemeinen Steuerrechts wie z. B. die Umsatzsteuerpflicht sind ebenfalls zu berücksichtigen. Die Pflicht zur Abführung der Stromsteuer gilt ebenfalls. Hierfür ist eine Versorgererlaubnis beim örtlich zuständigen Hauptzollamt zu beantragen und eine jährliche oder monatliche Stromsteueranmeldung abzugeben. Für den Schriftwechsel mit dem Hauptzollamt ist ein Belegheft zu führen [1, 2, 8].

Für Betreiber ausgeförderter Anlagen stellt die Direktlieferung über eine nichtöffentliche Leitung durch die rechtliche Einstufung als Elektrizitätsversorgungsunternehmen im Sinne des EEG und die Einstufung als EVU im Sinne des EnWG eine hohe Einstiegshürde dar. Durch die hohen administrativen Pflichten kommt diese Vermarktungsform für einzelne Betreiber kleiner Anlagen daher nicht in Frage. Die Direktlieferung über Windkraftanlagen an Dritte ist im Einzelfall zu prüfen [1, 2, 8].

Das Modell könnte aber für die Anlagenbetreiber interessant sein, welche ihre Anlage nach Ablauf der Förderzeit verkaufen wollen. Statt einer Volleinspeisung der Energie in das öffentliche Stromnetz kann nach dem Verkauf der Anlage ein Stromliefervertrag zwischen dem neuen Anlagenbetreiber und dem alten Anlagenbetreiber als Letztverbraucher geschlossen werden. Der direkt gelieferte Strom an den alten Anlagenbetreiber ist dann von den Netznutzungsentgelten befreit und somit günstiger. Überschüssiger Strom wird dann weiterhin in das öffentliche Stromnetz eingespeist und ist durch den neuen Anlagenbetreiber zu vermarkten (Mieterstrommodell).

3.2   Alternative Vermarktungsmöglichkeiten

Neben den klassichen Vermarktungsformen nach Abschn. 3.1 hat der Betreiber der ausgeförderten Anlage die Möglichkeit, weitere alternative Vermarktungsmöglichkeiten zu wählen. Allerdings sind die alternativen Vermarktungsformen ggf. mit einer Vermarktungsform aus Abschn. 3.1 zu kombinieren. Im Folgenden soll auf mögliche alternative Vermarktungsformen eingegangen werden.

3.2.1   Eigenversorgung durch technische Umrüstung

Eine weitere Vermarktungsmöglichkeit der erzeugten Energie von ausgeförderten Anlagen stellt die technische Umrüstung auf den Eigenverbrauch dar. Da es sich bei den älteren Anlagen immer um Volleinspeiser handelt, stellt die Umrüstung auf Eigenverbrauch für Anlagenbetreiber durch die stark gestiegenen Strompreise eine Alternative dar.

Um eine Eigenversorgung in Anspruch nehmen zu können, sind die Voraussetzungen nach §3 Nr. 19 EEG zu erfüllen. Demnach muss der Anlagenbetreiber den erzeugten Strom selbst verbrauchen (Personenidentität), wobei die Stromerzeugung und -verbrauch in einem unmittelbaren räumlichen Zusammenhang stattfinden. Eine Inanspruchnahme des öffentlichen Stromnetzes erfolgt nicht [1].

Im Rahmen des Eigenverbrauchs ist zu differenzieren zwischen dem natürlichen und dem optimierten Eigenverbrauch. Erster entsteht durch die reine Umrüstung der Messtechnik der Anlage. Bei einem optimierten Eigenverbrauch werden zusätzliche Maßnahmen – z. B. der Einsatz eines Stromspeichers – ergriffen, um den Anteil des Eigenverbrauchs zu steigern. Da in den meisten Fällen kein hundertprozentiger Eigenverbrauch stattfindet, erfolgt über das Jahr verteilt immer auch eine Einspeisung in das öffentliche Stromnetz. Aus diesem Grund ist die Eigenversorgung durch technische Umrüstung immer mit einer weiteren Vermarktungsmöglichkeit aus Abschn. 3.1 zu kombinieren. Ansonsten müsste die Einspeisung in das öffentliche Stromnetz technisch unterbunden werden oder die ausgeförderte Anlage im Inselbetrieb weiterbetrieben werden [1, 9, 10].

Stromspeicher **Wärmepumpe** **Heizstab** **Elektromobil**

Abb. 3.6 Maßnahmen zur Optimierung des Eigenverbrauchs ausgeförderter Anlagen für Haushaltskunden

Die Umrüstung für den Eigenverbrauch ist für alle Formen von Erzeugungsanlagen möglich. Am einfachsten bietet es sich für ausgeförderte Erzeugungsanlagen für PV-Anlagen an, da meist eine Personenidentität des Anlagenbetreibers und des Letztverbrauchers vorliegt und ein räumlicher Zusammenhang besteht. Aus diesem Grund soll vorrangig auf die technologischen Möglichkeiten zur Steigerung des natürlichen Eigenverbrauchs für ausgeförderte PV-Anlagen eingegangen werden. Der natürliche Eigenverbrauch von Photovoltaik kann in Abhängigkeit der Anlagengröße auf folgende Größe geschätzt werden [9]:

- <10 kW: 25 %
- >10 kW bis <30 kW: 23 %
- >30 kW bis <50 kW:35 %
- >50 kW bis <100 kW:35 %
- >100 kW:40 %

Die Steigerung des natürlichen Eigenverbrauchs für Photovoltaikanlagen kann durch unterschiedlich Maßnahmen erfolgen wie z. B. durch den Einsatz von Stromspeichern, Heizstäben, Wärmepumpen oder in Kombination mit Elektromobilen. Eine erste Übersicht ist der Abb. 3.6 zu entnehmen [9].

Die Steigerung des natürlichen Eigenverbrauchs ist vor allem durch den Einsatz von Stromspeichern möglich. Für etwa 55 % der Neuanlagen bei einer Anlagenleistung bis 30 kW erfolgt der Betrieb in Kombination mit einem Speicher. Der Grund liegt vor allem im starken Preisverfall. Nach Hochrechnungen der HTW Berlin führt der Einsatz eines Stromspeichers bei ausgeförderten PV-Anlagen unter 10 kW zu einer Steigerung des Selbstverbrauches von 30 % auf insgesamt 55 %. Für Anlagengrößen zwischen 10 kW und 30 kW liegt dieser lediglich bei 20 %. Gleiches gilt für Anlagen größer 30 kW [9, 11].

Eine weitere Maßnahme zur Erhöhung des Eigenverbrauchs kann der Einsatz von Wärmeerzeugern, beispielsweise mittels Wärmepumpen, oder durch elektrische Warmwasserbereitstellung darstellen. Da die Gebäude, worauf sich die Photovoltaikanlagen befinden, bereits mehr als 20 Jahre alt sein müssen und somit nicht mehr den neusten

	2021	2022	2023	2024	2025	2026
Batteriespeicher	25 %	30 %	33 %	34 %	27 %	27 %
E-Auto	7 %	9 %	9 %	9 %	6 %	6 %
Warmwassererwärmung	4 %	4 %	4 %	4 %	6 %	6 %

Abb. 3.7 Relativer Anteil der ausgeförderten PV-Anlagen mit einem Batteriespeicher, E-Auto oder Warmwassererwärmung im jeweiligen Weiterbetriebsjahr

Effizienzklassen entsprechen, ist der Einsatz von Wärmepumpen nur nach umfangreichen Sanierungsarbeiten sinnvoll [9].

Die Nachrüstung eines Heizstabes im Warmwasserspeicher ist hingegen einfach zu realisieren. Hier stellt sich jedoch die Frage, ob die Umwandlung von elektrischer Energie in Wärmeenergie in einem wirtschaftlichen Verhältnis steht. Bei der Annahme von Wärmegestehungskosten von ca. 8 ct / kWh, einem durchschnittlichen Strompreis für Haushaltskunden von ca. 30 ct / kWh und der Berücksichtigung von Umwandlungsverlusten ist dies mehr als fraglich. Eine Kombination von einem Stromspeicher und einem Heizstab sorgt zusätzlich – ohne eine intelligente Regelung – für eine Konkurrenzsituation und einer Verschlechterung der Wirtschaftlichkeit. Aus diesem Grund wird eine Kombination eher in seltenen Fällen realisiert werden. Der Einsatz von Heizstäben wird auch nur dann umgesetzt werden, wenn die Wärmegestehungskosten überhalb der Vergütung der Einspeisung in das Stromnetz liegen und der Eigenverbrauch für andere Verbraucher vorrangig erfolgt [9].

Eine weitere Möglichkeit zur Steigerung des Eigenverbrauchs stellt die Kombination der EE-Anlage mit einem Elektromobil als zusätzlichem Verbraucher dar. Durch die stark wachsenden Zulassungszahlen von Elektromobilen und die staatlichen Förderungen könnten Elektromobile eine Alternative zu stationären Speicherlösungen darstellen. Nach einer Studie der EUPD Research im Jahr 2019 planen 45 % aller Photovoltaikanlagenbetreibern die Anschaffung eines Elektromobils inkl. Anbindung an die eigene Erzeugungsanlage zur Steigerung des Eigenverbrauchs [12]. Aus diesem Grund rechnet das Umweltministerium bei ausgeförderten Anlagen bis 10 kW inkl. Kombination mit einem Elektromobil mit einem Anteil von 20 %. Der zusätzliche Selbstverbrauch wird hierbei auf etwa 9 % geschätzt (vgl. Abb. 3.7). Grundsätzlich ist jedoch eine individuelle Betrachtung erforderlich, da der Anteil des Eigenverbrauchs auch davon abhängt, wie oft und lange das eigene Elektromobil vor Ort betankt wird.

Insgesamt schätzt das Umweltbundesamt [9] den Anteil des selbstverbrauchten Stroms für 2021 auf 12 GWh bzw. 23 % des erzeugten Stroms. Bis 2026 soll der Anteil auf knapp 450 GWh bzw. 26 % ansteigen [9].

Die technische Umrüstung auf Eigenverbrauch ist für Windkraftanlagen hingegen schwieriger. Grundproblem ist die oft nichtvorhandene Personenidentität. Hierfür muss die natürliche oder die juristische Person identisch sein. Da Windkraftanlagen oft in der Hand einer GmbH oder Genossenschaft sind, kann eine Privatperson keine Eigenversorgung in Anspruch nehmen, selbst wenn sie Mitglied der juristischen Person ist. Eine Eigenversorgung scheidet in diesen Fällen aus. Erschwert wird dies in der Praxis, wenn die Anlage durch mehrere Personen betrieben wird. Im Leitfaden zur Eigenversorgung der BNetzA sieht die Behörde die Voraussetzungen der Personenidentität zur privilegierten Eigenversorgung als nicht erfüllt an (Bsp. einzelner Gesellschafter einer GbR). Eine Rechtssicherheit ist bei Eigenversorgungmodellen nur dann gegeben, wenn nur eine Person die Anlage betreibt und den Strom auch tatsächlich für eigene Zwecke nutzt: etwa ein industrielles Unternehmen, das den Strom direkt für seine Produktion am Standort einsetzt. Außerdem stehen die Anlagen oft nicht in einer unmittelbaren räumlichen Nähe zum Letztverbraucher, weswegen eine Belieferung des Stroms ohne Inanspruchnahme des öffentlichen Stromnetzes schwierig ist [8, 13].

3.2.2   Repowering

Neben den klassischen Vermarktungsformen aus Abschn. 3.1, die von einem Weiterbetrieb der Anlage ausgehen, besteht für den Anlagenbetreiber die Möglichkeit des Repowerings seiner Anlage. Der Begriff Repowering kann in das Deutsche aus fachlicher Sicht mit dem Wort „Kraftwerkserneuerung" übersetzt werden. Im Rahmen des Repowerings werden die ausgeförderten Anlagen komplett oder Teile der Anlagen erneuert.

Durch eine vollständige Erneuerung der Anlage erhält der Anlagenbetreiber wieder EEG-Förderungen über einen Zeitraum von 20 Jahren. Da das vollständige Repowering der Anlage aus Sicht des EEG als Neuanlage gewertet wird, ist die Höhe EEG-Förderung zum Zeitpunkt der Fertigstellung des Repowerings mit anschließender Anmeldung beim zuständigen Netzbetreiber maßgeblich. Ein Förderanspruch auf die Höhe der EEG-Vergütung zum Zeitpunkt vor über 20 Jahren besteht somit nicht.

Bei einem teilweisen Repowering der Anlage und Wiederverwertung einzelner Komponenten ist im Einzelfall zu prüfen, ob Anspruch auf eine EEG-Förderung für weitere 20 Jahre besteht oder die Anlage in einer Vermarktungsmöglichkeit nach Abschn. 3.1 vermarktet werden muss [1, 14].

Die Anwendung der Methode des Repowerings erfolgt vor allem bei Windkraftanlagen, an deren Stelle eine neue Anlage mit einer größeren Erzeugungsleistung installiert wird. Da die gesetzlichen Vorgaben und Auflagen der letzten 20 Jahre für Windkraftanlagen verschärft wurden, ist immer im Einzelfall zu prüfen, ob die Anlage auf einer planerisch gesicherten Fläche besteht. Nach aktuellen Recherchen des Bundesverbandes der Windenergie [14] standen im Jahr 2020 mindestens 50 % der betroffenen Bestandsanlagen auf planerisch nicht mehr gesicherten Flächen stehen. Das Repowering ist jedoch nicht nur auf Windkraftanlagen begrenzt, sondern für alle Erzeugungsanlagen möglich [14, 15].

3.2.3   Power to X

Ausgeförderte Anlagen haben die Möglichkeit, ihre erzeugte Energie für eine Power-to-X Anwendung zur Verfügung zu stellen. Unter dem Begriff Power-to-X werden sog. Sektorkopplungstechnologien verstanden, bei welchen die erzeugte elektrische Energie in einem anderen Energiesektor wie z. B. Wärme oder Mobilität genutzt wird. Power-to-X Anwendungen sind wie folgt zu differenzieren:

Power-to-Gas
Unter dem Begriff Power-to-Gas wird ein chemischer Prozess bezeichnet. Im Rahmen des Prozesses wird aus Wasser mittels Wasserelektrolyse unter Einsatz elektrischen Stroms ein Brenngas hergestellt. In bestimmten Fällen erfolgt eine nachgeschaltete Methanisierung. Der Begriff Power-to-Gas wird mit PtG oder P2G abgekürzt und heißt zu Deutsch ‚elektrische Energie zu Gas'. Das Verfahren eignet sich besonders zur Einspeisung von grünem Gas in die Gasinfrastruktur. In der Regel sind hierfür große Erzeugungskapazitäten mit einer Anbindung zum Gasnetz erforderlich, weswegen kleinere ausgeförderte Anlagen sich weniger für das Verfahren eigenen [16].

Power-to-Heat
Der Begriff Power-to-Heat beschreibt ein Verfahren, bei dem unter Einsatz elektrischer Energie Wärme gewonnen bzw. diese direkt in Wärme umgewandelt wird. Das bekannteste Verfahren stellt vermutlich die Wärmepumpe dar, in der ein Verdichter mit elektrischer Energie angetrieben wird und ein Medium aus dem Erdreich oder der Luft mit Wärmeenergie angereichert wird, welche dem Heizkreislauf zur Verfügung gestellt wird. Eine weitere Power-to-Heat Anwendung stellen Heizstäbe da, welche mit elektrischer Energie erhitzt werden und zur Warmwassererzeugung beitragen [17].

Power-to-liquid
Der Begriff Power-to-Liquid beschreibt einen Prozess, bei dem elektrische Energie in flüssigen Kraftstoffen gespeichert wird. Durch die hohe Energiedichte der Flüssigkeiten eignen sich diese als Treibstoffersatz für z. B. Autos oder Schiffe [18].

Durch die Einbindung ausgeförderter Anlagen in die Sektorenkopplung ist ggf. die Inanspruchnahme des öffentlichen Stromnetzes nicht mehr notwendig. Die Vermarktung der erzeugten Energie über die Direktvermarktung oder das Netzbetreibermodell entfällt somit, sofern kein Strom mehr in das öffentliche Stromnetz eingespeist wird. Ob Power-to-X eine sinnvolle Alternative darstellt, ist jedoch im Einzelfall zu prüfen [16–18].

3.3   Wechselmöglichkeiten der Vermarktungsformen

Grundsätzlich haben Anlagenbetreiber von EE-Anlagen die Möglichkeit zwischen den Vermarktungsmöglichkeiten aus 3.1 zu wechseln. In welche Vermarktungsform eine EE-Anlage wechseln kann, hängt jedoch vom Zeitpunkt ab. Hierbei ist zwischen drei verschiedenen Zeitpunkten zu differenzieren: Ein Wechsel im Förderzeitraum, ein Wechsel am Ende des Förderzeitraums oder ein Wechsel außerhalb des Förderzeitraums. Im Folgenden sollen die Wechselzeitpunkte und die damit verbundenen Möglichkeiten genauer betrachtet werden. Dabei stellen die durchgängigen gelben Pfeile in den folgenden Grafiken die i. d. R. üblichen Wechselprozesse dar. Die gestrichelten Linien hingegen sind theoretisch möglich, werden in der Praxis jedoch seltener genutzt.

1. Wechsel im Förderzeitraum

Befindet sich eine EE-Anlage im Förderzeitraum, kann sie zwischen verschiedenen Wechselvarianten wählen. Im Normalfall befinden sich EE-Anlagen unter 100 kW in der Einspeisevergütung. Die Anlagen haben jedoch die Möglichkeit in die geförderte Direktvermarktung zu wechseln. Hierfür ist eine Anmeldung beim zuständigen Netzbetreiber notwendig. Ein Wechsel kann monatlich erfolgen. Daneben steht es den Anlagen frei, aus der festen Einspeisevergütung oder der geförderten Direktvermarktung in die Sonstige Direktvermarktung zu Wechseln und einen PPA-Vertrag (vgl. 5.1) abzuschließen. In der Praxis stellt dies jedoch eher noch eine Ausnahme dar [1].

Anlagen größer 100 kW befinden sich hingegen nicht in der geförderten Direktvermarktung. Ein Wechsel in die Einspeisevergütung ist auch nur für EE-Anlagen größer 100 kW erlaubt, wenn diese vor dem 01. Januar 2014 angeschlossen wurde. Nach ggf. notwendiger Anpassung des Messkonzepts können Anlagen in der Betriebsvariante der Voll- oder Überschusseinspeisung betrieben werden [1].

Wechsel im Förderzeitraum

Standardfall

- - - Theoretisch möglich

2. Wechsel am Ende des Förderzeitraums

Am Ende des Förderzeitraums fällt die EE-Anlage aus der Einspeisevergütung oder geförderten Direktvermarktung. Der Betreiber der Anlage muss sich nun für ein neues Vermarktungsmodell entscheiden. Als Möglichkeiten stehen das Netzbetreibermodell oder die Sonstige Direktvermarktung zur Verfügung.[1] Ein Betrieb der Anlage ist in der Voll- oder Überschusseinspeisung möglich. Die Teilnahme am Netzbetreibermodell hängt jedoch stark von der Anlagengröße ab. Kleine Anlagen unter 100 kW wechseln automatisch in das Netzbetreibermodell. Ebenfalls Windkraftanlagen an Land über 100 kW. Das Vermarktungsmodell läuft jedoch für Windkraftanlagen an Land am 31.12.2021 aus. Für Anlagen kleiner 100 kW am 31.12.2027. Alle anderen Anlagen müssen in die Sonstige Direktvermarktung wechseln. Für Windkraftanlagen an Land ist ein Wechsel aus dem Netzbetreibermodell in die Sonstige Direktvermarktung nur einmal möglich [1].

Wechsel am Ende des Förderzeitraums

Standardfall

Theoretisch möglich

3. Wechsel außerhalb des Förderzeitraums

Außerhalb des Förderzeitraums stehen EE-Anlagenbetreibern – wie auch am Ende des Förderzeitraums – nur die beiden Vermarktungsmöglichkeiten über das Netzbetreiber-modell oder die Sonstige Direktvermarktung zur Verfügung. Der Wechsel aus dem Netzbetreibermodell für Windkraftanlagen an Land größer 100 kW ist nur einmal mög-lich. Das Netzbetreibermodell läuft jedoch spätestens für ausgeförderte Anlagen unter Berücksichtigung des Anlagentyps Ende 2027 aus, weswegen perspektivisch alle aus-geförderten Anlagen in die Sonstige Direktvermarktung wechseln, sofern der Gesetz-geber zwischenzeitlich keine neue Übergangsregelung erlässt [1].

---

[1] Die Möglichkeit der Direktlieferung ohne Beanspruchung des öffentlichen Stromnetzes wird an dieser Stelle vernachlässigt.

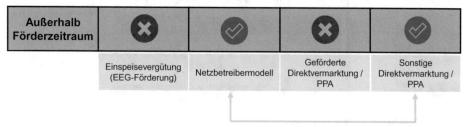

3.4   Laufzeiten der Vermarktungsformen

Für den Weiterbetrieb von ausgeförderten Anlagen können zwar in der Theorie mehrere Vermarktungsmöglichkeiten nach Abschn. 3.1 genutzt werden, jedoch sind einige zeitlich begrenzt oder gar nicht für die jeweilige Anlagengröße bzw. Erzeugungsart zugelassen. Die einzige zulässige Vermarktungsmöglichkeit für alle Anlagengrößen und Typen ist die Sonstige Direktvermarktung (vgl. Abschn. 3.1.3). Eine Direktvermarktung ohne Inanspruchnahme des öffentlichen Stromnetzes (vgl. Abschn. 3.1.4) ist ebenso grundsätzlich möglich, sofern die physischen Rahmenbedingungen dies zulassen. Eine Vermarktung über die Sonstige Direktvermarktung über ein privates oder öffentliches Stromnetz ist jedoch immer mit einer Anpassung des Messsystems verbunden (vgl. Kap. 1) [1].

Da nach dem Auslaufen aus der Förderung für Anlagen ein Weiterbetrieb in der festen Einspeisevergütung oder der geförderten Direktvermarktung nicht mehr möglich ist, stellt die einzige Alternative zur Sonstigen Direktvermarktung das Netzbetreibermodell (vgl. Abschn. 3.1.2) dar. Dieses ist jedoch zeitlich befristet. Die Weitervermarktung für ausgeförderte Anlagen unter 100 kW ist nur bis zum 31.12.2027 möglich. Handelt es sich um eine Windkraftanlage über 100 kW, läuft das Vermarktungsmodell schon zum 31.12.2021 aus. Biogasanlagen, Photovoltaikanlagen mit einer Leistung größer 100 kW oder Off-Shore-Windkraftanlagen können nur über die Sonstige Direktvermarktung weitervermarktet werden. Die Inanspruchnahme des Netzbetreibermodells ist nicht erlaubt. Mittel- bis langfristig müssen sich somit alle Betreiber ausgeförderter Anlagen einen Direktvermarkter für den Weiterbetrieb in der Sonstigen Direktvermarktung suchen. Ansonsten wäre die einzige Alternative die Abregelung der Anlage.

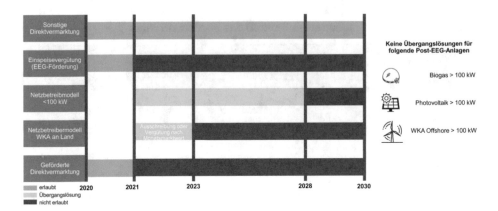

Abb. 3.8 Laufzeiten der Vermarktungsformen (mit freundlicher Genehmigung der items GmbH)

Eine Übersicht über den Zeithorizont und die verschiedenen Fördermöglichkeiten sind der Abb. 3.8 zu entnehmen [1]:

Das EEG 2021 sieht allerdings noch eine Möglichkeit für eine Anschlussförderung von Güllekleinanlagen bis 150 kW vor. Demnach hat das Bundesministerium für Wirtschaft und Energie die Möglichkeit eine Rechtsverordnung für eine Anschlussförderung zu erlassen. Ab dem Stichtag des Erlasses hat der Anlagenbetreiber sicherzustellen, dass im Kalenderjahr mindestens 80 Masseprozent Gülle[2] eingesetzt werden [1, 19].

Zum aktuellen Zeitpunkt der Erstellung des Buches lag ein erster Referentenentwurf für eine Anschlussförderung für Güllekleinanlagen bis 150 kW vor. Demnach sollen nach §12a Abs. 1 EEV-Ref alle Güllekleinanlagen eine Anschlussförderung für weitere 10 Jahre erhalten, welche vor dem 31.12.2024 aus der EEG-Förderung auslaufen. Die Geltendmachung der Anschlussförderung soll nur möglich sein, wenn eine Mitteilung nach der Maßgabe von §12d EEV-Ref erfolgt. Außerdem darf die Anlage nicht an einer Ausschreibung nach §39 EEG teilnehmen. Des Weiteren darf die Leistung der Kleingülleanlage nicht nachträglich erhöht werden. Das Substrat muss mindestens einen Gülleanteil von 80 % vorweisen (§12b Abs. 3 EEV-Ref). Eine Ausnahme gilt für Geflügelmist und Trockenkot [20].

Die Höhe der Vergütung ist abhängig vom Durchschnittswert der letzten drei Jahre des anzulegenden Werts der Anlage nach dem EEG. Die maximale Förderung ist für Anlagen bis 75 kW gedeckelt auf 13 ct/kWh und für Anlagen bis 15 kW bis 6 ct/kWh. Die Vergütung verringert sich für jedes weitere Jahr um 1 % gegenüber dem Wert des vorherigen Kalenderjahres [20].

---

[2]Hierbei handelt es sich um Rinder- oder Schweinegülle. Hühnertrockenkot und Geflügelmist sind nicht zulässig [19].

Um die Weiterförderung in Anspruch zu nehmen, muss der Anlagenbetreiber unter Angabe seiner Registrierungsnummer aus dem Marktstammdatenregister dem Netzbetreiber mitteilen, dass er die Weiterförderung für seine Anlage in Anspruch nehmen möchte. Die Mitteilung hat mindestens 3 Monate vor dem Auslaufen aus der Förderung zu erfolgen. Zum Zeitpunkt der Erstellung dieses Buches gilt die Anschlussförderung für Kleingülleanlagen noch nicht. Es liegt lediglich der Gesetzentwurf zur Änderung der Erneuerbaren-Energien-Verordnung (EEV) vor. Des Weiteren ist noch steht noch eine beihilferechtliche Genehmigung der EU aus §16 EEV-Ref [20].

Literatur

1. Bundesministerium für Justiz und Verbraucherschutz (2021). Gesetz für den Ausbau erneuerbarer Energien (Erneuerbare-Energien-Gesetz – EEG 2021). Abgerufen am 1. März 2021 von https://www.gesetze-im-internet.de/eeg_2014/EEG_2021.pdf
2. Bundesministerium für Justiz und Verbraucherschutz (Februar 2021). Gesetz über die Elektrizitäts- und Gasversorgung (Energiewirtschaftsgesetz – EnWG). Abgerufen am 4. März 2021 von https://www.gesetze-im-internet.de/enwg_2005/EnWG.pdf
3. Prometheus Rechtsanwalts GmbH (April 2021). EEG 2021 – Blog zu den aktuellen Entwicklungen. Abgerufen am 25. April 2021 von https://www.prometheus-recht.de/eeg-2021/#16
4. Zfk (April 2021). EU kippt Anschlussförderung für Ü20 Anlagen. Abgerufen am 20. April 2021 von https://www.zfk.de/politik/deutschland/eu-kippt-anschlussfoerderung-fuer-ue20-anlagen
5. Windmesse (April 2021). Zuschläge Wind an Land jetzt veröffentlichen. Abgerufen am 20. April 2021 von https://w3.windmesse.de/windenergie/pm/37394-bwe-bmwi-ausschreibung-eeg-ausbau-praxistauglichkeit-anlage-eu-kommission-entwurf-altanlage-weiterbetrieb
6. Proplanta (April 2021). Alte Windräder: Muss der Bund die Anschlussförderung herunterfahren? Abgerufen am 20. April 2021 von https://www.proplanta.de/agrar-nachrichten/energie/alte-windraeder-muss-der-bund-die-anschlussfoerderung-herunterfahren_article1618910077.html
7. M. Linnemann (Juli 2021). Energiewirtschaft für (Quer-)Einsteiger. Das 1 mal 1 der Stromwirtschaft. Springer Vieweg 2021.
8. BWE (2020). Eigenversorgung, Direktlieferung, Power-to-X und Regelenergie –sonstige Erlösoptionen außerhalb des EEG – Leitfaden. Abgerufen am 7. März 2021 von https://www.wind-energie.de/fileadmin/redaktion/dokumente/publikationen-oeffentlich/beiraete/juristischer-beirat/20171222_Eigenversorgung__Direktlieferung___Power-to-X_und_Regelenergie-final.pdf
9. Umweltbundesamt (Oktober 2020). Analyse der Stromeinspeisung ausgeförderter Photovoltaikanlagen und Optionen einer rechtlichen Ausgestaltung des Weiterbetriebs Weiterbetrieb ausgeförderter Photovoltaikanlagen – Kurzgutachten. Abgerufen am 01. März 2021 von https://www.umweltbundesamt.de/publikationen/analyse-der-stromeinspeisung-ausgefoerderter
10. PWC (2020). #energyfacts – Alte Photovoltaik-Anlagen: Ende der Förderung in Sicht. Abgerufen am 10. März 2021 von https://www.pwc.de/de/energiewirtschaft/pwc-energyfacts-alte-photvoltaik-anlagen-foerderung.pdf

11. HTW Berlin (2019). Unabhängigkeitsrechner. Abgerufen am 20. Juni 2021 von https://pvspeicher.htw-berlin.de/unabhaengigkeitsrechner/
12. EUPD Research (2019). Der deutsche Photovoltaik-Markt als Triebfeder für Elektromobilität. Abgerufen am 20. Juni 2021 von https://www.e3dc.com/fileadmin/user_upload/Dokumente/Pressemeldungen/EuPD_E3DC_Kurzstudie_PV_E- mobilitaet_final.pdf- mobilitaet_final.pdf
13. BNetzA (Juni 2016). Leitfaden Eigenverbrauch. Abgerufen am 9. März 2021 von https://www.bundesnetzagentur.de/SharedDocs/Downloads/DE/Sachgebiete/Energie/Unternehmen_Institutionen/ErneuerbareEnergien/Eigenversorgung/Finaler_Leitfaden.pdf?__blob=publicationFile&v=2
14. Bundesministerium für Wirtschaft und Energie (April 2016). Was bedeutet eigentlich Repowering? Abgerufen am 23. März 2021 von https://www.bmwi-energiewende.de/EWD/Redaktion/Newsletter/2016/08/Meldung/direkt-erklaert.html
15. Erneuerbare Energien (Mai 2020). Massenhafter Rückbau von Windkraftanlagen droht. Abgerufen am 23. März 2021 von https://www.erneuerbareenergien.de/massenhafter-rueckbau-von-windkraftanlagen-droht
16. DVGW (2020). Power to Gas: Schlüsseltechnologie der Energiewende. Abgerufen am 27. Februar 2021 von https://www.dvgw.de/themen/energiewende/power-to-gas
17. Bundesministerium für Wirtschaft und Energie (April 2016). Was bedeutet „Power-to-Heat"? Abgerufen am 9. März 2021 von https://www.bmwi-energiewende.de/EWD/Redaktion/Newsletter/2016/07/Meldung/direkt-erklaert.html
18. Fraunhofer ISE (kein Datum). Power-to-Liquids. Abgerufen am 9. März 2021 von https://www.ise.fraunhofer.de/de/geschaeftsfelder/wasserstofftechnologien-und-elektrische-energiespeicher/thermochemische-prozesse/power-to-liquids.html
19. Agrar Heute (Januar 2021). EEG 2021: Das ändert sich für Biomasse. Abgerufen am 23. März 2021 von https://www.agrarheute.com/energie/eeg-2021-aendert-fuer-biomasse-577531
20. Bundesministerium für Wirtschaft und Energie (Mai 2021). Referentenentwurf – Verordnung zur Umsetzung des Erneuerbare-Energien-Gesetzes 2021 und zur Änderung weiterer energierechtlicher Vorschriften. Abgerufen am 14. Mai 2021 von https://www.bmwi.de/Redaktion/DE/Downloads/P-R/referentenentwurf-verordnung-zur-umsetzung-des-erneuerbare-energien-gesetzes-2021-und-zur-aenderung-weiterer-energierechtlicher-vorschriften.pdf?__blob=publicationFile&v=4

Post-EEG: Mögliche Produkte eines Energieversorgungsunternehmens (EVU)

Auf Basis der Kundenanforderungen und -bedürfnisse (vgl. Kap. 2) sowie den energiewirtschaftlichen Vermarktungsmöglichkeiten (vgl. Kap. 3) kann das EVU verschiedenste Produkte für den Betreiber von ausgeförderten Anlagen entwickeln. Einen Ausschnitt der Produktmöglichkeiten soll in diesem Kapitel gegeben werden. Ziel ist eine Übersicht über die verschiedenen Produkte, die Funktionsweisen und den Nutzen für die jeweilige Zielgruppe zu erhalten. Eine Vollständigkeit auf den Umfang der Produktmöglichkeiten sowie den Ableitungen sämtlicher Kundenbedürfnisse je Produkt wird aber nicht erhoben.

4.1 Produktfragen EVU

Vor der eigentlichen Produktentwicklung hat das EVU zu klären, was der Verwendungszweck des aufgekauften Stroms aus ausgeförderten Anlagen ist, und ob bereits bestehende Prozesse im Unternehmen vorhanden sind. Beispielsweise bestehen folgende Möglichkeiten für den aufgekauften Strom aus ausgeförderten Anlagen, welcher in das öffentliche Stromnetz eingespeist wird:

1. Der Strom wird in das Portfolio des Lieferanten aufgenommen und weitervermarktet.
2. Der Strom wird in den normalen Strommix aufgenommen, um die verkauften Produkte/Tarife des EVU zu versorgen.
3. Der Strom wird für die Versorgung bestehender oder neuer Ökostromtarife verwendet.

Neben der Vermarktung der eingespeisten Energie in das Stromnetz ist festzulegen, ob zusätzlich eine Reststromlieferung durch das EVU an den Letztverbraucher erfolgen soll. Damit verbunden ist die Frage, ob eine rein kWh-basierte Geschäftsbeziehung mit

M. Linnemann, *Post-EEG-Anlagen in der Energiewirtschaft,*
https://doi.org/10.1007/978-3-658-35072-7_4

dem Anlagenbetreiber bestehen soll oder die Stadtwerke eine beratende oder dienst-leistende Rolle gegenüber dem Anlagenbetreiber einnehmen möchten. Die Festlegungen sind maßgeblich für die anzustrebende Produktentwicklung des EVU.

4.2   Produkte

Aufbauend auf den Anforderungen des Kunden und den potentiellen Vermarktungs-möglichkeiten aus energiewirtschaftlicher Sicht können EVU ihren Kunden mehrere Produkte anbieten. In diesem Kontext soll auf neun unterschiedliche Produkte ein-gegangen werden. Der Grad der Ausprägung der Produkte, und welches Produkt in das Produktportfolio übernommen werden soll, ist dem EVU selbst überlassen. In diesem Zusammenhang erfolgt die Betrachtung auf die folgenden Produkte [1, 2]:

1. **Beratung:** Proaktive Positionierung als Beratungsdienstleister für Betreiber aus-geförderter Anlagen.
2. **Post-EEG-Netzbetreibermodell:** Abnahme des Stroms ausgeförderter Anlagen durch den Netzbetreiber nach dem EEG 2021.
3. **Post-EEG-Basic:** vollständige Aufnahme und Vergütung des erzeugten PV-Stroms durch den Lieferanten.
4. **Post-EEG-Eigenverbrauch:** vollständige Abnahme des überschüssig eingespeisten Stroms durch den Lieferanten bei einem natürlichen Selbstverbrauch des Anlagenbe-treibers.
5. **Post-EEG-Eigenverbrauch-Plus:** Abnahme des überschüssig eingespeisten Stroms in das Stromnetz durch den Lieferanten bei gleichzeitiger Optimierung des natür-lichen Eigenverbrauchs durch zusätzliche Investitionsmaßnahmen.
6. **Post-EEG-Energy-Community:** Bereitstellung eines lokalen Energiehandelsplatzes zur Vermarktung von Energie aus ausgeförderten Anlagen.
7. **Stadtwerke-Speicher:** Optimierung des Eigenverbrauchs des Betreibers der aus-geförderten Anlage durch die Bereitstellung eines virtuellen Speichers durch das EVU.
8. **Neuanlage:** Errichtung einer neuen Anlage bei Demontage der Altanlage.
9. **Anlagenkauf:** Kauf der Anlage durch einen Dritten und Weiterbetrieb der Anlage gegen Erhalt einer Vergütung zur Bereitstellung der Fläche.

4.2.1   Beratung

Produktbeschreibung
Ein Basisprodukt stellt die Beratung durch EVU im Zusammenhang ausgeförderter Anlagen dar. Da die Auszahlung der EEG-Förderung durch das EVU in der Rolle des

Netzbetreibers erfolgt, ist damit zu rechnen, dass sich EVU als erste Anlaufstelle für zukünftige Betreiber ausgeförderter Anlagen entwickeln [3].

Die Ausgangsbasis der Beratung ist immer die Fragestellung, wie nach Ablauf des Förderzeitraums ein Weiterbetrieb gesichert werden kann – unter Berücksichtigung der Handlungsmöglichkeiten des Anlagenbetreibers (vgl. Kap. 3). Die Tiefe der Beratung ist dabei abhängig von dem Produktportfolio des Stadtwerks für den Weiterbetrieb ausgeförderter Anlagen (vgl. Abschn. 4.2.3 bis Abschn. 4.2.9). Sollte das EVU über keine speziellen Produkte für den Weiterbetrieb ausgeförderter Anlagen verfügen, ist eine Aufklärung über den Weiterbetrieb im Netzbetreibermodell mindestens erforderlich, da dies jeder Netzbetreiber anbieten muss (vgl. 4.2.2).

Aufbauend auf dem Netzbetreibermodell hat das EVU in der Rolle des Lieferanten und des Direktvermarkters die Möglichkeit weiterführende Produkte anzubieten. Ein erster Schritt stellt die Abnahme des eingespeisten Stroms in das öffentliche Stromnetz in das eigene Portfolio zu besseren Konditionen als im Netzbetreibermodell dar. Ob der Strom lediglich in das Portfolio aufgenommen oder die Strommengen für neue regionale Grünstromtarife verwendet werden, liegt im Gestaltungsspielraum des EVU. Die Lieferung des Reststroms kann selbstverständlich weiterhin durch den Lieferanten erfolgen. Das EVU nimmt somit gegenüber dem Anlagenbetreiber die Rolle des Vermarktungsdienstleisters war [3].

Eine weitere Dienstleistung des EVU stellt die Beratung des Kunden zur Optimierung des Eigenverbrauchs dar. Hier kann das EVU auf evtl. bereits bestehende Produktbausteine wie der Errichtung von Stromspeichern oder Ladepunkten zur Energieversorgung von Elektromobilen zurückgreifen. Das EVU nimmt durch die Beratung die Rolle eines Dienstleisters ein, welcher das wirtschaftliche Optimum des Weiterbetriebs der ausgeförderten Anlage für den Anlagenbetreiber zu ermitteln hat (vgl. Abb. 4.1).

Mehrwert für das EVU
Wie und in welcher Form das EVU die Aufgabe der Beratung gegenüber dem Betreiber der ausgeförderten Anlage wahrnimmt, hängt stark von seinem bestehenden Produktportfolio und Gestaltungswillen ab. Mit dem reinen Angebot des Netzbetreibermodells kann der Aufwand für die nächsten Jahre sehr geringgehalten werden. Auf der anderen Seite bietet der Markt eine Vielzahl von Möglichkeiten, neue Geschäftsmodelle für die Rolle des Lieferanten zu erschließen und nicht nur die Aufgabe der Reststromlieferung zu übernehmen. Das Produkt bietet dem EVU somit die Chance, sich stärker als Dienstleister statt als reiner Stromlieferant zu positionieren.

Kundenzielgruppe
Grundsätzlich hat jede Kundengruppe der nüchterne Pragmatiker, der besonders Motivierte oder der bequemen Modernen einen Beratungsbedarf. Allerdings unterscheidet sich dieser in der Tiefe. Während für den nüchternen Pragmatiker die Fragestellung das wirtschaftlichsten Weiterbetriebs im Vordergrund steht, der auch mit einer ausführlichen Beratung verbunden sein darf, steht hingegen eine einfache und kurze

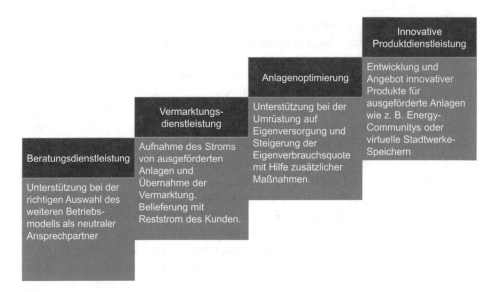

Abb. 4.1 Entwicklungspfad von Produkten für ausgeförderte Anlagen aus Sicht des EVU

Beratung für die Kundengruppe der bequemen Modernen im Vordergrund. Im Gegensatz zum nüchternen Pragmatiker dürfen die Beratungsmaßnahmen auch mit einem Investitionsbudget verknüpft sein, wenn eine ausreichende Wirtschaftlichkeit gegeben ist. Die Kundengruppe der besonders Motivierten erwartet hingegen eine besonders umfassende Beratung, wie langfristig der Weiterbetrieb und ein Beitrag zum Klimaschutz sichergestellt werden kann.

4.2.2 Post-EEG-Netzbetreibermodell

Produktbeschreibung

Das Netzbetreibermodell stellt ein Standardprodukt des EVU dar, welches es in der Rolle des Netzbetreibers allen ausgeförderten Anlagen kleiner 100 kW bis Ende 2027 anbieten muss. Für Windkraftanlagen an Land über 100 kW bis Ende 2021. Die Weitervermarktung der Energiemengen erfolgt über den ÜNB. Der Verteilnetzbetreiber ist wie bei der geförderten Einspeisevergütung für die Messung, Abrechnung und Auszahlung der Energiemengen gegenüber dem Anlagenbetreiber und ÜNB verantwortlich. Somit stellt das Produkt Post-EEG-Netzbetreibermodell das „musthave" Produkt da, welches ein EVU aus gesetzlichen Gründen anbieten muss [3].

Mehrwert für das EVU

Das Produkt Post-EEG-Netzbetreibermodell stellt für ein EVU eine äußerst bequeme Produktvariante dar. Durch den Auftrag des Gesetzgebers, dass der Netzbetreiber für die Abwicklung des Produkts verantwortlich ist, erfolgt eine vollständige Deckung der Kosten über die Netznutzungsentgelte. Somit ist das Produkt kostenneutral. Zusätzliche Erlöse können so jedoch nicht erzielt werden, weil es die Regulatorik dem Netzbetreiber verbietet. Ebenso kann der Netzbetreiber keine weiteren Produkte bzw. Mehrwertdienste um diese Vermarktungsform anbieten, weil das Unbundling ihm dies nicht gestattet. Das Produkt ist somit auf der einen Seite zwar relativ günstig und einfach für das EVU, schwächt auf der anderen Seite aber die Rolle des eigenen Lieferanten, der schließlich weitere Produkte rund um die Vermarktung anbieten könnte. Auch ist dieser nicht – im Gegensatz zum Netzbetreiber – an feste Abnahmepreise gebunden. Somit muss sich jedes EVU selbst die Frage beantworten, welche Rolle es aus strategischer Sicht stärken möchte: die des Netzbetreibers oder die des Lieferanten?

Zielgruppe
Da ein Wechsel in das Netzbetreibermodell für ausgeförderte Anlagen automatisch erfolgt und diesem weiterhin eine feste Einspeisevergütung über einen gewissen Zeitraum garantiert, eignet sich das Produkt vor allem für Anlagenbetreiber, welche sich möglichst wenig mit dem Thema auseinandersetzen wollen – auch wenn das Produkt vermutlich die geringste Rendite verspricht. Somit eignet sich das Modell eher für die Kundengruppe der nüchternen Pragmatiker oder den bequemen Modernen. Diese gehen entweder von einer nur noch kurzen Lebensdauer der Anlage aus, weswegen keine weiteren Investitionen mehr getätigt werden sollen oder scheuen den Aufwand sich mit den unterschiedlichen Möglichkeiten alternativer Produkte auseinanderzusetzen. Der geringe Aufwand stellt einen klaren Mehrwert des Produkts dar.

Für den Teil der bequemen Modernen, welche den Autarkiegrad gegenüber dem EVU steigern wollen und die noch von einem längeren Weiterbetrieb der Anlage ausgehen, eignet sich das Produkt jedoch weniger, da hierfür eine Optimierung des Eigenverbrauchs erforderlich ist. Gleiches gilt für die Gruppe der besonders Motivierten, die durch ihre Investitionsbereitschaft einen Beitrag zur Energiewende leisten wollen.

4.2.3   Post-EEG-Basic

Produktbeschreibung
Das Produkt Post-EEG-Basic stellt eines der ersten Basisprodukte des Lieferanten für die Sicherstellung des Weiterbetriebs der Anlage dar. Wie auch im Netzbetreibermodell wird dem Anlagenbetreiber der ausgeförderten Anlage der Strom komplett zu einem vereinbarten Preis abgenommen. Ein Eigenverbrauch findet nicht statt. Der erzeugte Strom wird vollständig in das öffentliche Stromnetz eingespeist. Allerdings handelt es sich bei dem Vertragspartner nicht um die Rolle des Netzbetreibers, sondern um die des Lieferanten. Die Strombelieferung kann ebenfalls durch den Lieferanten erfolgen (vgl. Abb. 4.2).

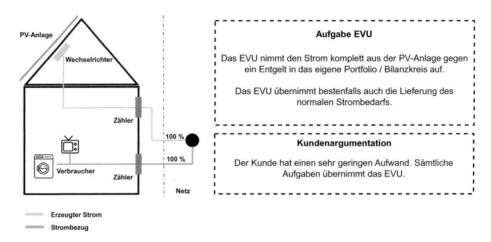

Abb. 4.2   Funktionsprinzip Produkt Post-EEG-Basic

Im Gegensatz zum Netzbetreibermodell erhält der Anlagenbetreiber durch den Abschluss des Post-EEG-Basic eine bessere Rendite. Dieser erzielt der Lieferant durch die Weitervermarktung der Energie in Kombination mit einem Grünstromzertifikat für den abgenommenen Strom. Die Strommengen kann er mit neuen Produkten wie z. B. regionalen Grünstromtarifen zu einem höheren Preis weitervermarkten.

Mehrwert EVU
Gesamtunternehmerisch betrachtet verspricht das Produkt Post-EEG-Basic eine höhere Rendite für das EVU als das Netzbetreibermodell. Statt einer reinen Kostenerstattung wie im Netzbetreibermodell, kann das EVU zusätzliche Einnahmen durch das Angebot regionaler Grünstromtarife in Kombination mit Grünstromzertifikaten erlösen. Gleichzeitig bindet es den Betreiber der ausgeförderten Anlage als Stromkunden an sich. Im Netzbetreibermodell ist dies dem Netzbetreiber untersagt. Durch den vorhandenen Kundenkontakt des Lieferanten besteht außerdem die Möglichkeit, dem Anlagenbetreiber weitere Produkte des eigenen Dienstleistungsportfolios anzubieten.

Zielgruppe
Sofern das Produkt Post-EEG-Basic eine höhere Rendite verspricht als die Vergütung für eine reine Volleinspeisung im Netzbetreibermodell ist, steigt die Attraktivität des Produkts für Betreiber ausgeförderter Anlagen. Durch die fehlende Möglichkeit des Eigenverbrauchs ist diese Variante für die Zielgruppe der bequemen Modernen und die der besonders Motivierten jedoch weniger interessant, da die Möglichkeit des Eigenverbrauchs ein wesentliches Kundenbedürfnis darstellt. Da der Investitions- und Administrationsaufwand ebenfalls gering sind, eignet es sich besonders für die Kundegruppe der nüchternen Pragmatiker.

4.2.4 Post-EEG-Eigenverbrauch-Basic

Produktbeschreibung

Das Produkt Post-EEG-Eigenverbrauch-Basic (vgl. Abb. 4.3) stellt eine Erweiterung des Produkts Post-EEG-Basic da. Statt einer vollständigen Abnahme der erzeugten Strommenge durch den Lieferanten ist dem Betreiber der ausgeförderten Anlage der Eigenverbrauch gestattet. Hierfür ist jedoch eine Anpassung des Messkonzepts erforderlich. In dieser Konstellation übernimmt der Lieferant immer die Rolle des Reststromlieferanten, während dies im Modell Post-EEG-Basic optional ist. Der eingespeiste Strom in das öffentliche Stromnetz wird ebenfalls in das Portfolio des Lieferanten aufgenommen. Der Weitervertrieb mit regionalen Grünstromtarifen in Kombination mit einem entsprechenden Zertifikat ist ebenfalls möglich. Die Kosten der Anpassung des Messkonzepts sind durch den Anlagenbetreiber zu tragen.

Mehrwert EVU

Auf den ersten Blick verspricht das Produkt Post-EEG-Eigenverbrauch eine geringere Rendite als das Produkt-Post-EEG-Basic, da der Anlagenbetreiber seine produzierte Energie selbst verbraucht. Eine Weitervermarktung des selbst verbrauchten Stroms ist somit nicht mehr möglich. Allerdings steigt mit der Umstellung auf den Eigenverbrauch der Beratungsaufwand für den Kunden. Durch die Anpassung des Messkonzepts rücken für den Anlagenbetreiber weitere Maßnahmen zur Optimierung des Eigenverbrauchs in den Vordergrund, für die sich das EVU als Dienstleister und Lösungsanbieter platzieren kann.

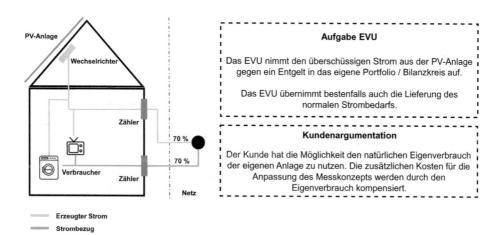

Abb. 4.3 Funktionsprinzip Produkt Post-EEG-Eigenverbrauch-Basic

Zielgruppe

Das Produkt-Post-EEG-Eigenverbrauch-Basic ist vor allem für die beiden Zielgruppen der bequemen Modernen und besonders Motivierten interessant, weil bei diesen beiden Kundengruppen der Autarkiegedanke besonders stark ausgeprägt ist. Eine Umstellung auf Eigenverbrauch ist daher eine wesentliche Kundenanforderung. Da dies meist mit einer Anpassung des Messkonzepts und zusätzlichen Investitionen verbunden ist, dürfte das Produkt für die nüchternen Pragmatiker mit ihrer geringen Investitionsbereitschaft weniger geeignet sein. Sollte eine Umrüstung jedoch über einen kurzen Zeitraum innerhalb der noch zu erwartenden Lebensdauer der ausgeförderten Anlage profitabel sein, stellt das Produkt auch für diese Kundengruppe eine Alternative dar.

4.2.5 Post-EEG-Eigenverbrauch-Plus

Produktbeschreibung

Das Produkt Post-EEG-Eigenverbrauch-Plus setzt auf dem Produkt Post-EEG-Eigenverbrauch auf. Im Gegensatz zum Produkt Post-EEG-Eigenverbrauch gibt sich das Produkt nicht mit der Nutzung des natürlichen Eigenverbrauchs zufrieden, sondern versucht diesen durch zusätzliche Maßnahmen wie z. B. dem Einsatz eines Stromspeichers zu optimieren. Die Abnahme und Weitervermarktung des Stroms, welcher noch in das öffentliche Stromnetz eingespeist wird, erfolgt durch das EVU. Die Aufnahme der Strommengen in das eigene Portfolio oder zur Ausgestaltung neuer grüner Stromtarife in Kombination mit Herkunfts- oder Regionalnachweisen ist auch bei diesem Produkt möglich. Das EVU übernimmt ebenfalls die Belieferung des noch benötigten Reststroms (vgl. Abb. 4.4). Die Planung, Umsetzung und Wartung der Anlage kann durch das EVU

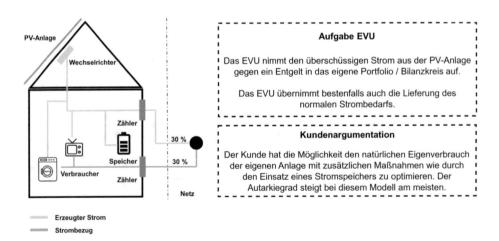

Abb. 4.4 Funktionsweise Produkt Post-EEG-Eigenverbrauch-Plus

oder einen Dritten Dienstleister erfolgen. Im letzteren Fall übernimmt das EVU dann lediglich die Belieferung der Reststrommenge für den Kunden.

Mehrwert EVU
Mehrwert für ein EVU besteht nur dann, wenn es sich als Dienstleister zur Planung und Umsetzung der Maßnahmen für die Optimierung des Eigenverbrauchs platziert. Durch weitergehende Angebote, wie der Übernahme der Wartung der Anlage, kann sich das EVU auch über die Projektphase hinaus langfristig als Dienstleister etablieren. Sollte das EVU diese Leistungen nicht anbieten, stellt das Produkt keinen Mehrwert dar, weil es lediglich für die Lieferung der Reststrommenge verantwortlich ist.

Zielgruppe
Da die Optimierung des Eigenverbrauchs den höchsten Autarkiegrad verspricht, aber die Investitionskosten deutlich höher sind als bei den Produkten Post-EEG-Basic und Post-EEG-Eigenverbrauch, ist das Produkt Post-EEG-Eigenverbrauch-Plus ausschließlich für die Kundengruppen der besonders Motivierten und der bequemen Modernen geeignet. Für letztere allerdings nur, wenn der wirtschaftliche Nutzen sich in einem akzeptablen Bereich bewegt. Außerdem darf die Optimierung des Eigenverbrauchs das Nutzerverhalten nicht zu stark einschränken, weswegen das Produkt nur für einen geringen Teil der Kundengruppe der bequemen Modernen geeignet ist. Für die besonders Motivierten ist dieser Punkt deutlich weniger relevant. Hier kann die Kundengruppe eher durch den ökologischen Mehrwert, den höheren Autarkiegrad oder die technologische Neugierde begeistert werden.

4.2.6   Stadtwerke-Speicher

Produktbeschreibung
Bei dem Produkt Stadtwerke-Speicher handelt es sich um eine Erweiterung des Produkt-Post-EEG-Eigenverbrauch. Hier wird dem Kunden einer Anlage die Speicherung seines überschüssig eingespeisten Stroms in das öffentliche Stromnetz in einen virtuellen Speicher des Stadtwerks zur Zwischenspeicherung angeboten. Der Strom im virtuellen Speicher kann dann im Bedarfsfall zur Erhöhung des eigenen Verbrauchs abgerufen werden. Somit soll dem Kunden der Aufbau eines eigenen Speichers erspart bleiben. Der virtuelle Stadtwerke-Speicher dient als eine Art „Cloud" für den Kunden, auf der er die überschüssigen Erzeugungsmengen zwischenspeichern kann (vgl. Abb. 4.5) [4, 5].

Aus energiewirtschaftlicher Sicht findet trotzdem eine Überschusseinspeisung in das öffentliche Stromnetz statt. Der Abruf aus dem virtuellen Stromspeicher entspricht dann einer ganz normalen Lieferung des EVU bzw. des Lieferanten. Die EEG-Umlagen oder gar Netzentgelte können nicht gespart werden. Somit hängt die genaue Ausgestaltung des Produkts davon ab, wie das EVU die gelieferten und gespeicherten Energiemengen miteinander verrechnet. Meist erfolgt die Abrechnung nach einer einfachen Regel: Liegt

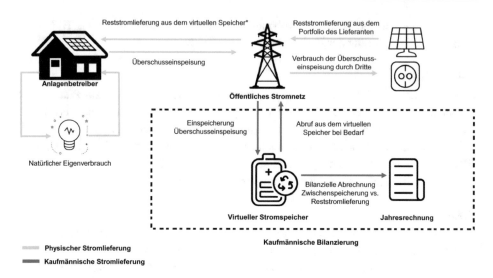

Abb. 4.5 Funktionsweise Produkt Stadtwerke-Speicher

der Verbrauch am Jahresende höher als in den virtuellen Stromspeicher eingespeist wurde, ist eine Nachzahlung erforderlich. Liegt der Verbrauch darunter, erfolgt eine Auszahlung der Differenz [4, 5].

In diesem Modell tritt der Anlagenbetreiber die Einspeisevergütung seiner Anlage an das EVU ab. Hinzu kommt meist eine monatliche Grundgebühr für die Bereitstellung des virtuellen Speichers. Diese soll die administrativen Kosten des EVU decken. Daneben enthält der Vertrag einen festen vereinbarten Preis für die Rückeinspeisung aus dem virtuellen Speicher pro kWh an den Kunden [4, 5].

Mehrwert EVU

Für das EVU ist das Produkt aus finanzieller Sicht besonders attraktiv, da zusätzliche Einnahmen durch die Bereitstellung des virtuellen Stromspeichers generiert werden können und er gleichzeitig den Strom aus den Erzeugungsanlagen für seine grünen Stromtarife nutzen kann. Gleichzeitig nimmt er immer die Rolle des Lieferanten gegenüber den Kunden ein. Zur Umsetzung des Produkts Bedarf es lediglich einer Logik in der Abrechnung, um die Energiemengen miteinander bilanzieren und abrechnen zu können.

Zielgruppe

Bei dem Produkt Stadtwerke-Speicher handelt es sich um ein sehr komplexes Produkt, welches erst vom Kunden durchdrungen werden muss. Hinzu kommt eine deutlich höhere Kostentransparenz durch die monatliche Nutzungsgebühr des virtuellen Speichers und das Verrechnungsverfahren zwischen der Einspeisegebühr im Netz und dem Preis pro gelieferter Kilowattstunde aus dem virtuellen Stromspeicher. Aus diesem Grund ist das Produkt für die Zielgruppe der nüchternen Pragmatiker und bequemen Modernen eher ungeeignet. Ebenso dürfte das Interesse für das Produkt der Zielgruppe der besonders Motivierten eher gering sein. Durch den hohen Informationsgrad der Zielgruppe wird diese vermutlich verstehen, dass es sich bei dem Produkt eher um das Thema der kaufmännischen Bilanzierung von Energiemengen handelt. Der ökologische Mehrwert zu dem Produkt Post-EEG-Eigenverbrauch, bei dem ebenfalls nur eine Einspeisung des überschüssigen Stroms in das Stromnetz stattfindet, ist gering. Aus diesem Grund sollte das Produkt auch für diese Zielgruppe uninteressant sein. Eine Teilnahme aus technischer Neugierde oder mangelnder Hintergrundinformationen ist jedoch nicht ganz ausgeschlossen.

Exkurs: steuerliche Auswirkungen

Bei dem Produkt Stadtwerke-Speicher ist zu prüfen, welche steuerrechtliche Auswirkungen für den Anlagenbetreiber entstehen. Durch die Einspeisung von Strom in das öffentliche Stromnetz wird dem Anlagenbetreiber eine Gewinnerzielungsabsicht unterstellt. Hierdurch ist der Anlagenbetreiber vorsteuerabzugsberechtigt, weswegen er vom Finanzamt die Mehrwertsteuer seiner Anlage zurückerstattet bekommt. Durch die Umstellung auf das Produkt Stadtwerke-Speicher mit dem Ziel der Optimierung des Eigenverbrauchs kann es passieren, dass das Finanzamt die Absicht der Gewinnerzielung nicht mehr als gegeben ansieht. In diesem Fall müsste der Anlagenbetreiber die Vorsteuer im schlimmsten Fall zurückzahlen. Je nach Höhe der Anschaffungskosten der Anlage kann dies mehrere Tausend Euro betragen [4]. ◀

4.2.7   Post-EEG-Energy-Community

Produktbeschreibung

Bei dem Produkt Post-EEG-Energy-Community handelt es sich um eine Dienstleistung des EVU in der Marktrolle des Lieferanten, welcher auf einem virtuellen Handelsplattform Letztverbrauchern die Möglichkeit bietet, Stromverträge mit regionalen Anlagenbetreibern abzuschließen. Der Lieferant agiert in diesem Fall als Vermittler zwischen beiden Parteien. Die Vertragsbeziehung der Energielieferung kann entweder direkt zwischen dem Anlagenbetreiber und Letztverbraucher erfolgen oder dienstleistend vom Lieferanten übernommen werden. Anlagenbetreiber können in diesem Modell selbst entscheiden, ob sie ihre produzierte Energie komplett auf dem lokalen Marktplatz anbieten, einen Teil der Energie selbst verbrauchen oder auf einem dritten Marktplatz wie z. B. der Strombörse vermarkten [6].

Mehrwert EVU

Durch die Einführung eines lokalen Handelsplatzes für Energie bietet sich für das EVU die Chance ein neues, innovatives Produkt zu platzieren. Durch den lokalen Fokus des Handelsplatzes kann der Lieferant seine lokale Bedeutung und Rolle noch einmal unterstreichen und verstärken. Daneben bietet der Handelsplatz die Chance durch die Personifizierung der produzierten Energie mit dem Anlagenbetreiber. Hierdurch kann die Zahlungsbereitschaft des Letztverbrauchers steigen und ein zusätzliches Differenzierungsmerkmal der Lokalität neben dem reinen Preis pro kWh etabliert werden. Der Handelsplatz trägt somit aktiv dazu bei, die Kundenbeziehung zu stärken und der Energiewende vor Ort ein Gesicht zu geben.

Kundengruppe

Das Produkt Post-EEG-Energy-Community ist besonders für die Zielgruppe der besonders Motivierten geeignet, da ein direkter Beitrag zur lokalen Energiewende hergestellt werden kann und ggf. ein direkter Austausch mit dem Letztverbraucher möglich ist. Für die Zielgruppe der bequemen Modernen ist das Produkt nur sinnvoll, wenn der Vermarktungsaufwand auf dem lokalen Handelsplatz möglichst gering ist. Die Vermarktung und Abwicklung der energiewirtschaftlichen Prozesse sollte für diese Zielgruppe durch das EVU übernommen werden. Für den nüchternen Pragmatiker stellt das Produkt jedoch einen zu hohen administrativen aber auch Informationsaufwand für die eigene Rolle da. Daher ist das Produkt für diese Rolle ungeeignet. Für die besonders Motivierten ist der Handelsplatz jedoch eine Möglichkeit sich aktiv an der Energiewende vor Ort zu beteiligen.

4.2.8   Anlagenaufkauf

Produktbeschreibung

Ein weiteres Produkt aus EVU-Sicht stellt der Anlagenkauf dar. Hierbei verkauft der ehemalige Anlagenbetreiber gegen ein vereinbartes Entgelt seine Anlage an das EVU. Hierdurch übernimmt das EVU die Rolle des Anlagenbetreibers. Für die Bereitstellung der Dachfläche erhält der ehemalige Anlagenbetreiber außerdem eine jährliche Pachtgebühr. Als neuer Anlagenbetreiber hat das EVU zwei Möglichkeiten den Strom aus der Erzeugungsanlage weiter zu vermarkten. Die erste Option ist die Volleinspeisung der erzeugten Strommenge in das öffentliche Stromnetz (vgl. Abb. 4.6). Die Strommenge kann in das Portfolio des Stadtwerks aufgenommen und für die Ausgestaltung neuer grüner Stromtarife genutzt werden. Alternativ hat das EVU die Möglichkeit, die Anlage über das Netzbetreibermodell zu vermarkten, sofern die Anlage die Anforderungen des EEG erfüllt (vgl. Abschn. 3.1.2) [2, 3].

Eine zweite Option besteht darin, dass das EVU den ehemaligen Anlagenbetreiber mit Energie aus der Erzeugungsanlage versorgt und den restlichen Strom in das öffentliche

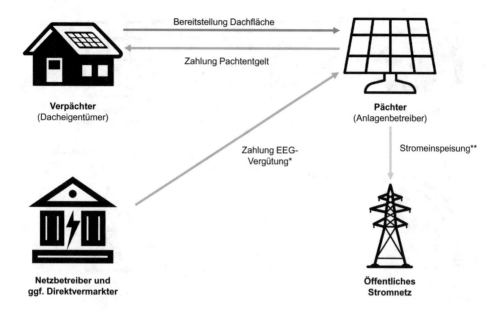

Verpächter
(Dacheigentümer)

Pächter
(Anlagenbetreiber)

Bereitstellung Dachfläche

Zahlung Pachtentgelt

Zahlung EEG-
Vergütung*

Stromeinspeisung**

Netzbetreiber und
ggf. Direktvermarkter

Öffentliches
Stromnetz

*Annahme Netzbetreibermodell: Auszahlung der Auffangvergütung

**Annahme 100% Volleinspeisung in diesem Modell. Direkter Stromverbrauch in einem
Mieterstrommodell zwischen Pächter und Verpächter möglich.

Abb. 4.6 Funktionsweise Produkt Anlagenkauf Option 1 Netzeinspeisung im Pachtmodell

Stromnetz einspeist (vgl. Abb. 4.7). Somit würde das EVU dem ehemaligen Anlagenbetreiber ein Mieterstromprodukt anbieten, versorgt mit Strom aus einer sich räumlich in
der Nähe befindenden Anlage [2, 3].

Option 1 – Netzeinspeisung im Pachtmodell

Option 2 – Mieterstrom im Pachtmodell

Mehrwert EVU

Der Mehrwert für das EVU des Produkts ist abhängig von der jeweiligen Betriebsweise.
Im Rahmen der Volleinspeisung in das öffentliche Stromnetz kann das Produkt für EVU
interessant sein, wenn es das Unternehmensziel verfolgt, das eigene Portfolio mit Grünstrom versorgen zu wollen. Beliefert es außerdem den Kunden nach Kauf der Anlage mit
Strom, hat es einen neuen Stromkunden gewonnen. Durch die Pachtung der Dachfläche
besteht außerdem eine längerfristige Kundenbeziehung als bei normalen Stromverträgen,
welche auf 12 bis 24 Monate befristet sind. Die zweite Option des Mieterstrommodells

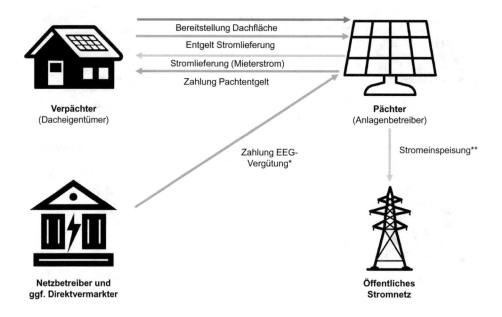

Bereitstellung Dachfläche

Entgelt Stromlieferung

Stromlieferung (Mieterstrom)

Zahlung Pachtentgelt

Verpächter
(Dacheigentümer)

Pächter
(Anlagenbetreiber)

Zahlung EEG-
Vergütung*

Stromeinspeisung**

**Netzbetreiber und
ggf. Direktvermarkter**

**Öffentliches
Stromnetz**

*Annahme Netzbetreibermodell: Auszahlung der Auffangvergütung

*Einspeisung der Überschussmenge aus der Erzeugungsanlage, welche nicht direkt vom
Verpächter verbraucht werden kann.

Abb. 4.7 Funktionsweise Produkt Anlagenkauf Option 2 Mieterstrom im Pachtmodell

bietet dem EVU hingegen langfristig die Möglichkeit, sich als Ansprechpartner und Dienstleister gegenüber dem Kunden zu etablieren. Zwar erhält das EVU keine Mieterstromförderung nach dem EEG, da es sich um keine Neuanlage handelt, jedoch verspricht auch dieses Modell ein neues, attraktives Produkt im eigenen Leistungsportfolio.

Zielgruppe

Das Produkt Anlagenkauf ist vor allem für die Kundengruppen geeignet, welche von einer geringen Lebensdauer ihrer Anlage ausgehen, einen geringen Aufwand des Weiterbetriebs bevorzugen oder aus persönlichen Gründen die Anlage verkaufen müssen bzw. wollen. Durch den Verlust des Autarkiegrades ist das Produkt jedoch weniger für die Zielgruppe der bequemen Modernen interessant. Ebenso für die Zielgruppe der besonders Motivierten, welche eher weitere Investitionsanstrengungen unternehmen würden, als die Anlage einfach zu verkaufen. Somit eignet sich das Produkt vorrangig für die nüchternen Pragmatiker, welche sich durch die Verpachtung der Anlage oder die Teilnahme an einem Mieterstrommodell eine höhere Rendite versprechen.

4.2.9 Neuanlage

Produktbeschreibung

Bei dem Produkt Neuanlage handelt es sich um eine vollständige Demontage der Anlage und einer anschließenden Neuerrichtung am selben Standort. Je nach den Gegebenheiten des Standorts kann die Erzeugungsleistung der Anlage vergrößert werden. Vor allem bei Windkraftanlagen ist dies der Fall, sofern der gesetzliche Rahmen und die Umweltauflagen dies zulassen. Durch die Neuerrichtung der Anlage besteht wieder einen Förderanspruch für weitere 20 Jahre. Die Vermarktung erfolgt entweder wieder durch Netzbetreiber, die sich in der festen und geförderten Einspeisevergütung befinden, oder durch einen Direktvermarkter in der geförderten Direktvermarktung. Die Belieferung der Reststrommenge erfolgt durch den Lieferanten der Wahl des Anlagenbetreibers. Die Planung und Errichtung der Neuanlage kann durch das EVU als Dienstleister oder durch einen Dritten erfolgen [1–3].

Mehrwert EVU

Der Mehrwert für das EVU ist bei der reinen Installation einer Neuanlage vermutlich gering, da der Anlagenbetreiber für die Neuerrichtung der Anlage wahrscheinlich einen Dritten hinzuziehen wird. Durch den neuen Förderanspruch der Neuanlage für weitere 20 Jahre verbleibt das EVU bestenfalls in der Rolle des Reststromlieferanten, sofern der Anlagenbetreiber das EVU als Lieferant beauftragt. Allerdings hat das EVU die Möglichkeit, sich als Dienstleister für die Planung, die Errichtung und den Betrieb der Neuanlage anzubieten. Durch zusätzliche Wartungsverträge kann der Erlös des EVU gesteigert werden.

Zielgruppe

Das Produkt zur Errichtung einer Neuanlage ist eher für die Zielgruppen der nüchternen Pragmatiker oder bequemen Modernen relevant. Die besonders Motivierten dürften dieses Modell aus ökologischen Gründen ablehnen und eher bereit sein, die Lebensdauer der bestehenden Anlage durch zusätzliche Investitionsmaßnahmen zu verlängern. Da die Errichtung der Neuanlage im Gegensatz zu allen anderen Lösungen wieder eine stabile Förderung über eine Laufzeit von 20 Jahren verspricht, dürfte das Produkt vor allem für die nüchternen Pragmatiker geeignet sein, sofern die Neuinvestition eine ausreichende Rendite verspricht. Die Installation einer Neuanlage dürfte für die Kundengruppe der bequemen Modernen vor allem dann interessant sein, wenn diese von einer geringen Lebensdauer der Altanlage ausgehen, aber das Bedürfnis nach einer langfristigen Lösung verbunden mit einem geringen Aufwand haben.

4.3   Handlungsempfehlung

Wie in Abschn. 4.2 ersichtlich wurde, ist nicht jedes Produkt für jede Zielgruppe geeignet. Das richtige Produkt ist dabei stark abhängig von den individuellen Kunden-bedürfnissen, den Erwartungen und der Zahlungsbereitschaft. In einigen Fällen hängt es auch von der Ausgestaltung der Produkte stark ab, ob sie für eine bestimmte Zielgruppe interessant sind. So kann z. B. eine Post-EEG-Energy-Community für die Zielgruppe der bequemen Modernen interessant sein, wenn der Aufwand möglichst gering ist. Ein Gesamtüberblick, welches Produkt sich für welche Kundengruppe eignet, gibt Abb. 4.8. Dabei zeigt sich vor allem, dass die einfacheren Produkte wie das Netzbetreibermodell oder das Produkt Post-EEG-Basic, welche mit einem geringen Investitionsaufwand ver-bunden sind, besonders für die nüchternen Pragmatiker eignet. Besonders Motivierte setzen hingegen eher auf neue, innovative Produkte, welche ihren Autarkiegrad steigern, aber auch auf den Weiterbetrieb der Anlage setzen. Bei den bequemen Modernen ist hin-gegen ein Mix vorhanden, abhängig vom Aufwand des Produkts.

Aus Sicht des EVU ist es daher erforderlich, sich bereits vor der Produktgestaltung mit der Zielgruppe und deren Bedürfnissen auseinanderzusetzen. Daneben sollte vorab auch eine Bewertung hinsichtlich des Weiteren Lebenszyklus der eigenen Anlagen-struktur im Versorgungsgebiet getroffen werden. Ist bei den meisten Anlagen eher von einer kurzen Lebensdauer auszugehen, kann das Produkt Repowering durchaus interessant sein. Ist hingegen eine hohe Lebensdauer der Anlagen zu erwarten, eignen sich vor allem Produkte zur Optimierung des Eigenverbrauchs oder neuartige Ver-marktungsformen wie lokale Energiehandelsplätze. Eine pauschale Aussage, welches

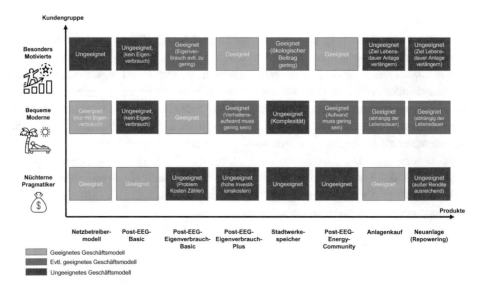

Abb. 4.8 Mapping Kundengruppe zu potentiellen Post-EEG Produkten

Produkt für ein EVU am geeignetsten ist, lässt sich somit nicht geben. Es ist vielmehr immer die Gesamtsituation eines diskreten EVU und des potentiellen Kundenkreises zu betrachten. Aus diesem Grund handelt es sich bei Abb. 4.8 auch nur um eine quantitative Darstellung.

4.4 Wahl der Vermarktungsmöglichkeit

Die Wahl der Vermarktungsmöglichkeit ist abhängig von der Art des jeweiligen Produkts (vgl. Abb. 4.9). Da es sich bei dem Produkt Beratung lediglich um eine Beratungsdienstleistung handelt, ist in diesem Fall keine Vermarktungsform erforderlich. Für das zweite Produkt Post-EEG-Netzbetreibermodell ist das Netzbetreibermodell nach dem EEG 2021 zu wählen (vgl. Abschn. 3.1.2). Das Produkt Post-EEG-Basic wird hingegen von der Marktrolle des Lieferanten angeboten, weswegen die Sonstige Direktvermarktung zu wählen ist (vgl. Abschn. 3.1.3). Neuanlagen erhalten hingegen eine neue Förderung über eine Laufzeit von 20 Jahren nach dem EEG, weswegen keine Vermarktungsform nach Kap. 3 anzuwenden ist. Eine Ausnahme liegt lediglich vor, wenn sich der Betreiber der Anlage gegen die die EEG-Förderung entscheidet. Dann ist eine Vermarktung in der Sonstigen Direktvermarktung oder der Direktlieferung ohne Beanspruchung des öffentlichen Stromnetzes möglich. Für die restlichen Produkte erfolgt die Vermarktung der eingespeisten Strommenge in das öffentliche Netz über die Sonstige Direktvermarktung. Besteht eine Direktleitung zwischen dem Betreiber der ausgeförderten

	Netzbetreiber-modell	Sonstige Direktvermarktung	Direktlieferung	Neue Förderung nach dem EEG
Beratung				
Post-EEG-Netzbetreibermodell	X			
Post-EEG-Basic		X	(X)	
Post-EEG-Eigenverbrauch		X	(X)	
Post-EEG-Eigenverbrauch-Plus		X	(X)	
Post-EEG-Energy-Community		X		
Stadtwerke Speicher		X		
Neuanlage		(X)	(X)	X
Anlagenkauf		X	(X)	

Abb. 4.9 Wahl der Vermarktungsmöglichkeit in Abhängigkeit des angebotenen Produkts

Anlage und dem Letztverbraucher, kann eine Direktlieferung ohne Beanspruchung des öffentlichen Stromnetzes (vgl. Abschn. 3.1.4) erfolgen. Somit handelt es sich bei den beiden Standardfällen um das Netzbetreibermodell oder die Sonstige Direktvermarktung. Mieterstrommodelle mit ausgeförderten Anlagen sind hingegen eine Kombination aus der Direktlieferung ohne Beanspruchung des öffentlichen Stromnetzes an die Bewohner des Objekts und aus der Sonstigen Direktvermarktung im Fall der Einspeisung in das öffentliche Stromnetz.

Literatur

1. Fraunhofer ISE (2019). Wie geht es weiter nach dem EEG? Fraunhofer ISE befragt Besitzer der frühen EEG-geförderten PV-Anlagen. Abgerufen am 20. Oktober 2020 von https://www.ise. fraunhofer.de/de/presse-und-medien/presseinformationen/2019/wie-geht-es-weiter-nach-dem-eeg-fraunhofer-ise-befragt-besitzer-der-fruehen-eeg-gefoerderten-pv-anlagen.html
2. PWC (2020). #energyfacts – Alte Photovoltaik-Anlagen: Ende der Förderung in Sicht. Abgerufen am 10. März 2021 von https://www.pwc.de/de/energiewirtschaft/pwc-energyfacts-alte-photvoltaik-anlagen-foerderung.pdf
3. Bundesministerium für Justiz und Verbraucherschutz (2021). Gesetz für den Ausbau erneuerbarer Energien (Erneuerbare-Energien-Gesetz – EEG 2021). Abgerufen am 1. März 2021 von https://www.gesetze-im-internet.de/eeg_2014/EEG_2021.pdf
4. TechMaster (2020). Strom-Cloud: Die Vorteile und Nachteile im Überblick. Abgerufen am 15. März 2021 von https://www.techmaster.de/2018/09/24/strom-cloud-die-vorteile-und-nachteile-im-ueberblick/
5. EON (kein Datum). EON Solar Cloud. Abgerufen am 15. März 2021 von https://www.eon.de/de/pk/solar/solarbatterie/eon-solarcloud.html
6. M. Linnemann (Juli 2021). Energiewirtschaft für (Quer-)Einsteiger. Das 1 mal 1 der Stromwirtschaft. Springer Vieweg 2021.

Post-EEG: Vertragsgestaltung

5

Ein Großteil der potentiellen Post-EEG Produkte aus Kap. 1 basiert auf dem Konstrukt, dass das EVU den gesamten oder einen Teil des Stroms aus der Anlage abnimmt. Hierfür bedarf es eines Vertrages zwischen dem Lieferanten und Anlagenbetreiber. Ein wesentlicher Baustein stellt hierfür ein PPA, ein Power Purchase Agreement, da. Daher soll in diesem Kapitel auf die Frage eingegangen werden, was ein PPA ist, welche Typen von PPAs existieren (vgl. Abschn. 5.1) und wie eine Vertragsgestaltung zwischen dem Lieferanten und Anlagenbetreiber auf Basis der Produkte aus Kap. 1 aussehen kann (vgl. Abschn. 5.2). Das Kapitel soll somit einen ersten Überblick geben, was bei einer möglichen Vertragsausgestaltung zu beachten ist. Da in vielen Fällen ein individueller Vertrag zwischen dem Lieferanten und Anlagenbetreiber erforderlich ist, sollte immer eine Einzelfallprüfung durch den Lieferanten erfolgen.

5.1 Power Purchase Agreements – PPA

Das EGG hat sich in den vergangenen Jahren stetig weiterentwickelt: von fixer Einspeisevergütung über die Direktvermarktung und Ausschreibung. Alle diese Modelle haben jedoch die Gemeinsamkeit einer Subventionierung der Anlagen über eine Laufzeit von 20 Jahren. Zur Finanzierung größerer Anlagen oder zur Steigerung des wirtschaftlichen Ertrags für kleinere Anlagen ist der Einsatz sogenannter Power Purchase Agreements kurz PPA möglich [1–3].

Aufgrund der staatlichen Förderung von EEG-Anlagen sind PPA in Deutschland noch relativ selten zu finden, im Ausland allerdings bereits weiterverbreitet. Besonders in Ländern, in welchen EVU verpflichtet sind ein Mindestmaß an regenerativen Strom abzunehmen, wie z. B. den USA, sind PPA häufiger zu finden.

© Der/die Autor(en), exklusiv lizenziert durch Springer Fachmedien Wiesbaden GmbH, ein Teil von Springer Nature 2021
M. Linnemann, *Post-EEG-Anlagen in der Energiewirtschaft*,
https://doi.org/10.1007/978-3-658-35072-7_5

Unter einem PPA wird allgemein ein langfristiger Stromvertrag zwischen einem Käufer und einem Verkäufer verstanden. Wesentlicher Vertragsbestandteil von PPA sind entweder ein fester Abnahmepreis oder ein äquivalenter finanzieller Ausgleich. Darüber hinaus können Zusatzelemente wie die Laufzeit, Refinanzierung, Herkunftsnachweise mit in einem PPA festgeschrieben werden. Auf Deutsch existiert für diesen Begriff keine einheitliche Übersetzung. Synonyme wie Stromkaufvertrag, Strombezugsvertrag, Strom- liefervertrag oder Stromabnahmevertrag werden von Suchmaschinen oft als deutsch- sprachiges Synonym verwendet [1–3].

Die Wissenschaft differenziert den Begriff PPA in physische und virtuelle PPA. Physische PPA setzen eine physische Lieferung an den Letztverbraucher voraus und können in drei Klassen differenziert werden, während virtuelle PPA keine physische Lieferung beinhalten. Stattdessen findet eine Bilanzierung von Finanzströmen oder Stromflüssen zwischen den Vertragspartnern statt. Daneben ist in einem PPA zu berück- sichtigen, ob das Vertragsverhältnis direkt zwischen einem Käufer und Verkäufer zustande kommt, oder ob ein Intermediär involviert ist. Agiert ein Intermediär zum Bei- spiel als Direktvermarkter zwischen dem Anlagenbetreiber und dem Letztverbraucher, wird von einem Merchant PPA gesprochen [1, 4].

Physische PPA können in drei verschiedene Klassen differenziert werden: *On-Site PPA, Off-Site PPA* und *Sleeved PPA.* On-Site PPA heißt, es findet eine direkte physische Lieferung in unmittelbarer räumlicher Nähe zum Kunden statt. Die Erzeugungsanlage befindet sich entweder hinter dem Zählpunkt des Verbrauchers, auf dessen Betriebs- gelände oder ist an einem Arealnetz angeschlossen. Die Anlagendimensionierung ist im Regelfall vom Verbrauchsprofil des Kunden abhängig. Gegebenenfalls ist eine Rest- strombelieferung erforderlich. Es liegt ein Corporate PPA vor, weil der Verbrauch des Kunden direkt gemindert wird. Außerdem liegt ein unmittelbares Vertragsverhältnis zwischen dem Anlagenbetreiber und Letztverbraucher vor (vgl. Abb. 5.1) [1–3].

Im Gegensatz dazu befindet sich die Erzeugungsanlage bei einem Off-Site PPA nicht in unmittelbarer Nähe. Eine direkte physische Lieferung der Energie zum Letztver- braucher ist somit nicht möglich. Stattdessen muss die Belieferung der Energie über eine Einspeisung in das Stromnetz erfolgen. Aus diesem Grund vereinbaren der Erzeuger und Letztverbraucher eine bilanzielle Abnahme einer bestimmten Strommenge. Der Strom wird in das öffentliche Stromnetz eingespeist und den Bilanzkreisen des Erzeugers und des Letztverbrauchers zugeordnet. Aus diesem Grund ist meist ein Intermediär am Off- Site PPA beteiligt, da beide Vertragspartner nicht unbedingt einen eigenen Bilanzkreis führen. In diesem Fall wird von einem Sleeved PPA gesprochen, da im Gengensatz zum Off-Site PPA ein Intermediär in den Prozess involviert ist. Sowohl bei einem Sleeved als auch bei einem Off-Site PPA wird der Preis für die gelieferte Energie individuell zwischen den Vertragsparteien ausgehandelt. Die Abführung der Netzentgelte ist weiter notwendig, da das öffentliche Stromnetz in Anspruch genommen wird. Ein Beispiel für einen Off-Site PPA könnte ein Vertragsverhältnis zwischen einem Windkraftbetreiber und einem Industrieunternehmen sein, welches den Strom der Windkraftanlage über eine Dauer von mehreren Jahren zu einem festen Preis abnimmt. Statt einem festen Preis

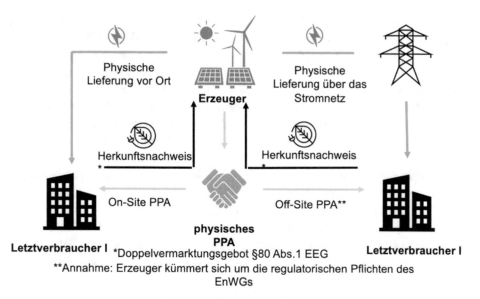

Abb. 5.1 Funktionsweise und Typen von physischen PPAs [1]

könnten aber auch andere Instrumente wie ein Preiskorridor verwendet werden. Wird ein Intermediär zwischen den beiden Vertragspartnern benötigt, könnte dieser Aufgaben aus den Bereichen des Bilanzkreismanagements, des Portfoliomanagements, der Reststrombelieferung, der Vermarktung von Überschüssen, der Einspeiseprognose, des Grünstromzertifikatsmanagements oder des Risikomanagements übernehmen [1–3].

In einem Off-Site PPA handelt es sich nach dem EnWG um eine Belieferung von Dritten. Dies bedeutet, dass die Pflichten der Rechnungsstellung (§40 EnWG) und der Stromkennzeichnung (§42 EnWG) sowie die Abführung der EEG-Umlage im Verantwortungsbereich des Erzeugers liegen. Der Käufer wird hingegen weiterhin als Letztverbraucher nach §3 Nr. 25 EnWG betrachtet. Kommt es zu Lieferabweichungen, sind die Überschüsse zu Vermarkten. Wird zu wenig Energie bereitgestellt, ist eine Reststromlieferung notwendig. Beide Aufgaben sind im PPA zu regeln. Die Vermarktung von Überschüssen kann über einen Direktvermarkter erfolgen, der Bezug von Reststrom kann über einen separaten Vertrag zwischen dem Letztverbraucher und dessen Energielieferanten erfolgen [4].

Durch die unmittelbare Energiebelieferung vor Ort kommt es außerdem zu einem Entfall der netzbezogenen Bestandteile. Hierzu gehören die KWK-, Offshore-, StromNEV-, AbLaV-Umlage sowie zzgl. die Konzessionsabgabe. Eine EEG Umlagepflicht bleibt bestehen (§60 Abs. 1 EEG 2017). Hierbei ist jedoch ggf. die Privilegierung des Letztverbrauchers zu berücksichtigen. Eine Befreiung von der Stromsteuer ist prinzipiell möglich, wenn der Strom entweder über eine reine EE-Leitung fließt (§9

Abs. 1 Nr. 1 StromStG) oder die Nennleistung der EE- bzw. KWK-Anlage kleiner 2 MW beträgt und eine räumliche Nähe besteht (§9 Abs. 1 Nr. 3 StromStG) [1–3, 5].

Wie im On-Site PPA übernimmt der Erzeuger die Rolle des Versorgers und der Abnehmer die Rolle des Letztverbrauchers. Da keine Lieferung in unmittelbarer Nähe stattfindet, ist eine Befreiung von den NNE und der Stromsteuer nicht möglich. Für ein Off-Site PPA hat jeder Vertragspartner einen separaten Netznutzungsvertrag abzuschließen, vgl. §20 Abs. 1a EnWG. Lediglich die Entnahme ist entgeltpflichtig (§35 Abs. 1 StromNEV). Alternativ ist der Abschluss eines Lieferantenrahmenvertrages mit dem Anschlussnetzbetreiber möglich (§20 Abs. 1a EnWG). Darüber hinaus ist die Pflicht des Bilanzkreismanagements zu klären (§4 Abs. 2 StromNZV) sowie die Belieferung des Reststroms. Diese Aufgaben können entweder durch einen der beiden Vertragspartner oder einen Dritten übernommen werden [1, 4, 6].

Neben physischen PPA ist auch der Abschluss *virtueller PPA* möglich. Im Gegensatz zu physischen PPA findet eine Entkopplung des physischen und des finanziellen Stromflusses statt. Zwischen Erzeuger und Letztverbraucher wird eine Preisvereinbarung für eine abzunehmende Strommenge getroffen. Eine direkte Lieferung findet nicht statt. Der Energiedienstleister des Erzeugers nimmt stattdessen den produzierten Strom in den eigenen Bilanzkreis auf und handelt die Energie z. B. auf dem Spotmarkt weiter. Der Energiedienstleister des Verbrauchers beschafft das Einspeiseprofil, welches der Erzeuger an seinen Energiedienstleister geliefert hat. Erzeuger und Abnehmer schließen einen *Contract for Difference* ab. Der Vertrag enthält eine Vereinbarung über eine finanzielle Ausgleichszahlung in dem Maß, wie der vereinbarte Preis vom Spotmarktpreis abweicht. Das Ziel der Preisstabilität steht in einem solchen Geschäft im Fokus. Liegt der Verkaufspreis über dem vereinbarten Preis, erhält der Abnehmer eine zusätzliche Vergütung; liegt er darunter, ist eine zusätzliche Zahlung an den Erzeuger notwendig. Dadurch entstehen zwei Zahlungsströme zwischen den PPA Partnern und dem PPA Beteiligten sowie dessen Energiedienstleister (vgl. Abb. 5.2) [1, 3].

Die Motivation für den Abschluss von PPA kann Vielfältig sein. So können PPA aus der Motivation der Preissicherheit abgeschlossen werden, oder um neue Absatzmärkte zu erschließen, da regenerative Energien mit einem Herkunftsnachweis vermarktet werden könnten. Daneben spielt natürlich auch die Möglichkeit des Weiterbetriebs der Anlage eine wichtige Rolle, welche als Graustrom aufgrund der fehlenden Förderung nicht dieselben Erlöse an der Strombörse abwerfen könnte. Im PPA handelt es sich um eine generische Vertragsstruktur, welche auf der Grundlage eines Kaufvertrages nach §433 BGB abgeschlossen wird. Im Gegensatz zu klassischen Stromverträgen ist eine komplexe Vertragsstruktur notwendig, welche nicht auf die AGB der StromGVV zurückgreifen kann. In Folge steigt der Absracheaufwand zwischen den Parteien im Rahmen der Vertragsausgestaltung [1, 3].

Für die Vertragsausgestaltung, soweit EE-Anlagen involviert sind, ist gerade die Volatilität der Erzeugung zu berücksichtigen. So sind die Auswirkungen der Nichtbelieferung von Energie aufgrund von Wettereinflüssen zu berücksichtigen, die sich negativ auf die vereinbarte Liefermenge und den Bilanzkreis auswirken können, da diese

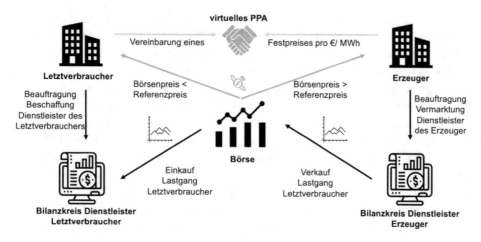

Abb. 5.2   Funktionsweise und Typen von virtuellen PPAs [1]

physisch und bilanziell auszugleichen sind. Auch ist zu klären, wie stark der PPA-Vertrag gegen schwankende Marktpreise abgesichert ist. In einigen Fällen reicht ein fester Abnahmepreis pro Megawattstunde evtl. nicht aus, sodass ein Preiskorridor sinnvoller ist. Negative Strompreise sind gerade in diesem Zusammenhang zu berücksichtigen, da sie sich stark auf die Wirtschaftlichkeit eines Vertragspartners auswirken können. Des Weiteren ist natürlich zu klären, inwieweit langfristige Verträge mit einer Laufzeit von mehr als 10 Jahre mit dem AGB Recht vereinbar sind [1, 3].

Die erste rechtliche Grundlage für PPA ist in Art.2 Nr. 17 der aktuellen Erneuerbaren Energien Richtlinie der EU zu finden. Ein PPA sei demnach ein Vertrag, durch den sich eine natürliche oder juristische Person bereiterklärt, Strom von einem Produzenten abzunehmen. In der deutschen Übersetzung wird jedoch nicht der Begriff PPA verwendet, sondern von einem „Vertrag über den Bezug von erneuerbarem Strom" gesprochen. Hierbei hat jedes Mitgliedsland ein einfaches, diskriminierungsfreies Verfahren sicherzustellen, welches die beiden Parteien nicht mit unnötigen Abgaben bzw. Umlagen belasten darf (Art.15 Nr. 8 EE-Richtlinie) [1, 7].

Für finanzielle PPA sind keine gesonderten Verträge außer dem PPA-Vertrag notwendig, da der Strom über den eigenen Energiedienstleister verkauft wird. Die physische Energiebelieferung findet weiterhin durch den Versorger statt. Es ist allerdings zu berücksichtigen, dass es sich in finanziellen PPA um Derivate handeln könnte (§1 Abs. 11 KWG). Diesbezüglich wäre eine Erlaubnispflicht der BaFin nach §32 Abs. 1 KWG notwendig [1, 3].

Auch unter Berücksichtigung der heutigen Förderstruktur des EEG, wäre ein Vertrieb von regenerativer Energie in der Direktvermarktung möglich, da jede existierende EEG-Anlage zu jedem Zeitpunkt die Möglichkeit hat, unter Einhaltung der Fristen, das Vermarktungsmodell zu ändern. Aus diesem Grund steht es dem EEG-Anlagenbetreiber frei, von der Direktvermarktung zu einem PPA Vertrag zu wechseln oder umgekehrt. Eine anteilige Vermarktung ist nach §21a, §21b EEG auch möglich. Außerdem ist eine Direktvermarktung nach §3 Nr. 16 EEG sowie Sonstige Direktvermarktung, oder eine Nachbarbelieferung ohne Inanspruchnahme der Förderung möglich (§21a §21b EEG). Der Wechsel der Vermarktungsform ist dem Netzbetreiber mitzuteilen (§21c Abs. 1 EEG). Genauso kann der Erzeuger, bei einem Ausfall eines Vertragspartners, in das Marktprämienmodell zurückkehren (§21b Abs. 1 EEG). Für die Direktvermarktung sind allerdings die unterschiedlichen Arten von PPA-Verträgen zu berücksichtigen. Mit einem On-Site PPA ist die Anwendung der geförderten Direktvermarktung im Sinne des EEG nicht möglich, weil eine Direktvermarktung die Belieferung in räumlicher Nähe explizit ausschließt (§3 Nr. 16 EEG). Somit sind lediglich Off-Site PPA oder Sleeved PPA möglich. Der Strom darf nicht mehrfach sondern nur einmal an einen Vertragspartner verkauft werden. Herkunftsnachweise dürfen nicht ausgestellt werden, solange sich die Anlage noch in der Förderung befindet, da dies vom Gesetzgeber als Doppelvermarktung gewertet werden würde (§80 Abs. 1 EEG). Erst nach Auslaufen der Förderung ist eine Ausstellung von Herkunftsnachweisen möglich. Allerdings schließt dies keine Zertifizierung als lokaler Grünstrom nach §79a EEG mit ein, da diese Vermarktungsform wiederum nur für Anlagen innerhalb der Direktvermarktung nach §20 EEG im Förderzeitraum gilt. Somit ist eine Vermarktung von EE-Anlagen im PPA-Modell neben dem Marktprämienmodell möglich, allerdings bleibt das Doppelvermarktungsverbot weiterhin bestehen. Es eignet sich jedoch besonders für ausgeförderte Anlagen, welche nicht mehr gegen das Doppelvermarktungsverbot verstoßen können [1, 3, 8].

Auch für PPA-Anlagen in Deutschland gilt nach Auslaufen der Förderung das Einspeiseprivileg. Das Privileg der vorrangigen Stromabnahme kann jedoch erlöschen, wenn die technischen Vorschriften bzgl. der Fernsteuerbarkeit (§9 Abs. 1,2,5,6 EEG) oder die Vorschriften zur Messung und Bilanzierung (§21b Abs. 3 EEG) nicht eingehalten werden. Allerdings kann die Härtefallregelung nach §15 EEG weiterhin angewandt werden. Dies schützt den Anlagenbetreiber nicht vor EinsMan[1]-Maßnahmen. Kommt es zur Abregelung der Anlage, ist der Anlagenbetreiber mit 95 % der entgangenen Kosten zzgl. der zusätzlichen Aufwände bzw. abzüglich der ersparten Aufwände zu entschädigen. Übersteigen die Kosten 1 % der Jahreseinnahmen pro Jahr, sind 100 % der Kosten zu erstatten (§14 Abs. 1 EEG) [8].

Durch die steigende Anzahl der EE-Anlagen, welche in den nächsten Jahren aus der Förderung fallen, ist in den nächsten Jahren mit einem Anstieg von PPA-Verträgen in Deutschland zu rechnen, um die Anschlussfinanzierung der Anlagen für die nächsten Jahre zu sichern. Diesbezüglich bleibt abzuwarten, welche Verträge sich durchsetzen werden. Auf Basis des Energierechts scheinen Off-Site oder Sleeved PPA die beste Wahl zu sein. Die genaue Ausgestaltung der Verträge bleibt allerdings spannend, da es sich in den PPA um klassische Kaufverträge im Sinne des BGB handelt. Kommt es

---

[1] Einspeisemanagement.

zu einer Anwendung von Musterverträgen in Verbindung mit standardisierter AGB, ist eine Prüfung des §309 BGB notwendig. Ein Problem stellt hier das Dauerschuldverhältnis nach §309 Nr. 9 BGB dar, welches diese auf maximal 2 Jahre mit einer stillschweigenden Verlängerung von 1 Jahr begrenzt. Gerade in langfristigen PPA-Verträgen würde die Regelung dem Motiv der langfristigen Preisstabilität widersprechen. Genauso ist das Wettbewerbsrecht bei der Vertragsgestaltung nach Art.101 AEUV zu berücksichtigen. Kommt es zu einer spürbaren Marktbeeinflussung durch den PPA-Anbieter und beträgt die Gesamtdeckungspflicht mehr als 80 % durch den Lieferanten/ Anlagenbetreiber, kann dies als Verstoß gegen das Wettbewerbsrecht gewertet werden. Allerdings ist eine Befreiung möglich, sofern der Vertrag nicht länger als 5 Jahre läuft, der Marktanteil unter 30 % liegt und der Bezug maximal zu 80 % durch einen Lieferanten gedeckt wird. Es bleibt daher abzuwarten, wie sich das Thema Post-EEG-Anlagen und PPA-Verträge in Zukunft entwickelt. Gerade für auslaufende Anlagen sollten PPA-Verträge mit einer Laufzeit von 5 Jahren ausreichend sein [1, 9, 10].

5.2 Vertragsgestaltung

Vertragsgestaltung in der EEG-Förderung

Innerhalb des Zeitraums der EEG-Förderung hat der Netzbetreiber die Aufgabe den Strom aus der Erzeugungsanlage zu vermarkten, sofern kein Dritter hierfür beauftragt wurde oder die Anlage verpflichtend ist an der geförderten Direktvermarktung teilzunehmen. Die Rechtsgrundlage hierfür bilden die Anforderungen des EEG. Ausgangspunkt für die Vermarktung des Netzbetreibers ist ein Netzanschlussbegehren des Anlagenbetreibers gegenüber dem Netzbetreiber. Hierbei stellt das Netzanschlussbegehren die Erklärung des Anlagenbetreibers dar, eine geplante Anlage an einen Verknüpfungspunkt des öffentlichen Stromnetzes anzuschließen. Im Rahmen des Netzanschlussbegehrens hat der Anlagenbetreiber dem Netzbetreiber die Art der Anlage bzgl. des Energieträgers, die maximal zu installierende Leistung, die Anschrift und ggf. weitere zusätzliche Informationen zum Standort mitzuteilen [4, 8, 11].

Optional besteht die Möglichkeit, dass der Netzbetreiber mit dem Anlagenbetreiber einen Erneuerbare-Energien-Einspeisevertrag abschließt. In diesem kann die Verpflichtung zur Vermarktung der Strommengen noch einmal vertraglich festgehalten werden. Dabei steht es den beiden Partien frei, zusätzliche Nebenabreden zu vereinbaren. Grundsätzlich ist ein EE-Einspeisevertrag jedoch nicht erforderlich, da das EEG die wesentlichen Rechte, Pflichten und Ansprüche für den Netzbetreiber sowie Anlagenbetreiber regeln. Selbst im Falle einer Kündigung des Einspeisevertrags bestehen diese weiter (vgl. Abb. 5.3) [8, 12].

Zur Lieferung des Energiebedarfs des Anlagenbetreibers, wenn es sich z. B. um einen Haushaltskunden handelt, welcher selbst Energie produziert aber auch in das öffentliche Stromnetz einspeist, ist ein Strombezugsvertrag mit einem Lieferanten abzuschließen. Hierbei handelt es sich um einen klassischen Stromvertrag im Sinne des EnWG. Bei

EEG-Förderung Vermarktungskonstellation

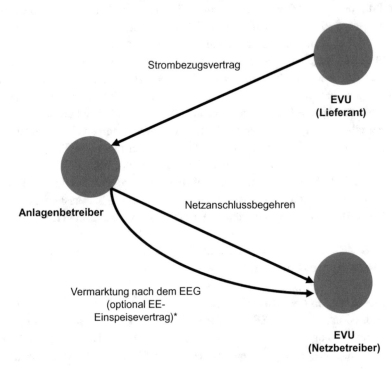

*Vermarktung auch über einen Direktvermarkter möglich. In der Grafik ist diese Option nicht dargestellt.

Abb. 5.3   EEG-Förderung Vertragskonstellation

EE-Anlagen, welche lediglich Strom in das Netz einspeisen, aber kein Verbrauch vorliegt wie z. B. bei einer PV-Freiflächenanlage, ist ein Strombezugsvertrag natürlich nicht erforderlich [4].

Vertragsgestaltung im Netzbetreibermodell.
Beim Netzbetreibermodell kann das Vertragskonstrukt aus dem Abschnitt der EEG-Förderung angewendet werden. Da es sich um eine befristete Weitervermarktung für ausgeförderte Anlagen durch den Netzbetreiber handelt und dies im EEG geregelt wurde, ist kein zusätzlicher Vertrag erforderlich [8, 12].

Post-EEG-Basic Vertragsgestaltung
Für die Umsetzung des Produkts Post-EEG-Basic erfolgt keine Vermarktung des Stroms durch den Netzbetreiber mehr. Da der gesamte erzeugte Strom der ausgeförderten Anlage vom Lieferanten abgenommen und in dessen Bilanzkreis aufgenommen wird,

Post-EEG-Basic

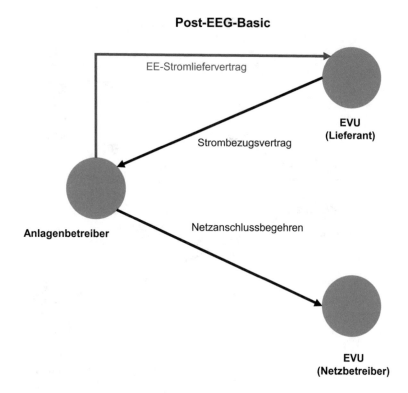

Abb. 5.4 Post-EEG-Basic Vertragskonstellation

ist ein EE-Stromliefervertrag zwischen dem Anlagenbetreiber und dem Lieferanten abzuschließen. Dieser regelt die Abgabe des erzeugten Stroms an den Lieferanten und die monetäre Vergütung für den gelieferten Strom. Optional besteht natürlich immer die Möglichkeit des Abschlusses eines Dienstleistungsvertrages zwischen dem Anlagenbetreiber und Lieferanten, in dem z. B. die Wartung der Anlage übernommen wird. Die Festlegung der zusätzlichen Leistungen können aber auch im EE-Stromliefervertrag festgehalten werden (vgl. Abb. 5.4) [8].

In einem EE-Stromliefermustervertrag ist der Vertragsgegenstand zu regeln. Hierbei handelt es sich um die Erzeugung und den Verkauf von EE-Strom durch Anlagenbetreiber an das EVU gegen eine Vergütung. In diesem Kontext sind die Pflichten des EVU zu definieren. Dieses hat die abgenommene Strommenge einem Bilanzkreis zuzuordnen und beim Netzbetreiber zu melden. Ebenso sind die Pflichten des Anlagenbetreibers zu regeln. Dieser ist ggf. verpflichtet seine Messtechnik nach den Vorgaben des Lieferanten oder auf Basis weiterer gesetzlicher Grundlagen anzupassen. Außerdem hat er dem Lieferanten seine Anlagenstammdaten und ggf. Echtzeiterzeugungsdaten im 15 min-Takt oder gar Prognosedaten zur Verfügung zu stellen. Ausfälle der Anlage sind dem Lieferanten ebenso innerhalb einer bestimmten Frist über ein vereinbartes

Post-EEG-Eigenverbrauch

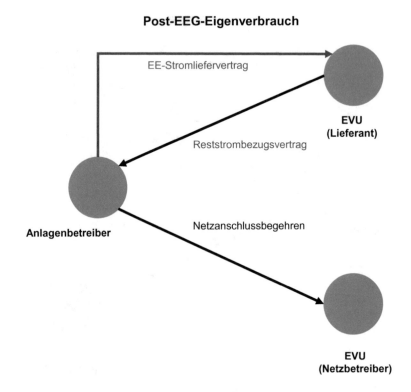

Abb. 5.5   Post-EEG-Eigenverbrauch Vertragskonstellation

Kommunikationsmedium zu melden. Daneben sind die Vergütung und die Preisregelung sowie die Vertragslaufzeit zwischen den Vertragspartnern sowie die Abrechnung zu regeln. Für ausgeförderte Anlagen dürfte die Vertragslaufzeit bei 1 bis 5 Jahren liegen. Weitere Vertragsinhalte können im EE- Stromliefermustervertrag natürlich aufgenommen werden. An dieser Stelle handelt es sich lediglich um einen Vorschlag des Autors, welche Vertragsinhalte zwischen den Vertragsparteien geregelt werden sollten.

Post-EEG-Eigenverbrauch Vertragsgestaltung
Der EE-Stromliefervertrag dürfte sich bei den beiden Produkten Post-EEG-Basic und Post-EEG-Eigenverbrauch kaum unterscheiden, da lediglich der Umfang der gelieferten Energie an den Lieferanten durch den natürlichen Selbstverbrauch reduziert wird (vgl. Abb. 5.5).

Post-EEG-Eigenverbrauch-Plus Vertragsgestaltung
Das Vertragskonstrukt entspricht exakt demselben wie im Produkt Post-EEG-Eigenverbrauch. In der Praxis fällt lediglich der Anteil der Reststromlieferung durch die Optimierung des Eigenverbrauchs geringer aus. Einzelne Stadtwerke bieten dem Kunden

auch spezielle Stromtarife zur Deckung des restlichen Eigenbedarfs an. Der Strom- und Reststrombezugsvertrag unterscheiden sich somit maximal in der Höhe des zu zahlenden Entgelts für jede gelieferte kWh. Die übrigen Vertragsinhalte und -regelungen sind üblicherweise gleich.

Stadtwerke-Speicher Vertragsgestaltung
Für die Umsetzung des Stadtwerke-Speichers ist ein spezieller Dienstleistungsvertrag zwischen dem Anlagenbetreiber und dem Lieferanten abzuschließen. Der Vertrag beinhaltet – wie der EE-Stromliefervertrag – die Abnahme des eingespeisten Stroms in das öffentliche Stromnetz, dessen Überschüsse auf den virtuellen Stromspeicher gutgeschrieben werden. Der Dienstleistungsvertrag regelt in diesem Kontext den monatlichen Preis für die Bereitstellung des virtuellen Speichers sowie den Bilanzierungsmechanismus (vgl. Abschn. 4.2.6) zwischen ein- und ausgespeicherter Energie, beispielsweise in Euro pro kWh.

Post-EEG-Energy-Community Vertragsgestaltung
Die Vertragsgestaltung für das Produkt Post-EEG-Energy-Community ist grundsätzlich von der Leistungstiefe des EVU abhängig. Hierbei ist zwischen den beiden Optionen (1) *Vermittlungsdienstleister* und (2) *Vermittlungsdienstleister & Lieferant* zu differenzieren. In der ersten Option fungiert das EVU ausschließlich als Vermittler zwischen dem Betreiber der ausgeförderten Anlage und dem Letztverbraucher. Hierfür haben die beiden beteiligten einen Dienstleistungsvertrag mit dem EVU abzuschließen. Der Letztverbraucher hat auf der Plattform die Möglichkeit sein eigenes Portfolio aus unterschiedlichen Anlagen zusammenzustellen. Der Strombezugsvertrag wird in diesem Fall direkt zwischen dem Anlagenbetreiber und dem Letztverbraucher beschlossen. Reststrommengen, die der Anlagenbetreiber nicht über die Plattform vermitteln kann, sind über einen beauftragten Direktvermarkter auf alternativen Marktplätzen zu vermarkten [1].

Alternativ kann das EVU neben der Vermittlungsdienstleistung die Aufgabe des Lieferanten übernehmen. Das EVU kauft dem Anlagenbetreiber der ausgeförderten Anlage den Strom ab. Hierfür ist ein EE-Stromliefervertrag zwischen dem Anlagenbetreiber und dem Lieferanten zu schließen. Ein zusätzlicher Direktvermarkter ist somit nicht zu beauftragen. Der Letztverbraucher schließt in diesem Fall seinen Strombezugsvertrag direkt mit dem Lieferanten ab und kann sich auf der Plattform ebenfalls sein eigenes Portfolio mit den ausgeförderten Anlagen zusammenstellen (vgl. Abb. 5.6) [1].

Anlagenkauf
Bei einem Anlagenkauf ist ein Kaufvertrag zwischen dem EVU und dem Anlagenbetreiber nach §433 BGB erforderlich. Im Vertrag ist zusätzlich über die Vereinbarung des Kaufpreises der Anlage und die Höhe der jährlichen Pacht für die Nutzung der Dachfläche festzulegen. Weitere Klauseln oder Vertragsverhältnisse können individuell festgelegt werden [13].

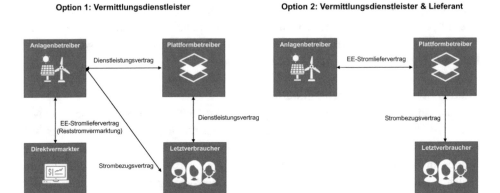

Abb. 5.6 Post-EEG-Energy-Community Vertragskonstellation

Repowering Vertragsgestaltung

Da sich die Anlage nach einem Repowering wieder für weitere 20 Jahre in der EEG-Förderung befindet, gilt das Vertragskonstrukt wie im Abschnitt EEG-Förderung dieses Kapitels [8].

Literatur

1. M. Linnemann (Juli 2021). Energiewirtschaft für (Quer-)Einsteiger. Das 1 mal 1 der Stromwirtschaft. Springer Vieweg 2021.
2. Next Kraftwerke (2018). Was ist ein Power Purchase Agreement (PPA)?. Abgerufen am 23. März 2020 von https://www.next-kraftwerke.de/wissen/power-purchase-agreement-ppa
3. Stiftung Umweltrecht (Dezember 2018). Rechtliche Bewertung von Power Purchase Agreements (PPAs) mit erneuerbaren Energien. Abgerufen am 24. März 2020 von https://stiftung-umweltenergierecht.de/wp-content/uploads/2019/02/Stiftung_Umweltenergierecht_WueStudien_12_PPA.pdf
4. Bundesministerium für Justiz und Verbraucherschutz (Februar 2021). Gesetz über die Elektrizitäts- und Gasversorgung (Energiewirtschaftsgesetz – EnWG). Abgerufen am 4. März 2021 von https://www.gesetze-im-internet.de/enwg_2005/EnWG.pdf
5. Bundesministerium für Justiz und Verbraucherschutz (Juni 2019). Stromsteuergesetz (StromStG). Abgerufen am 24. März 2021 von https://www.gesetze-im-internet.de/stromstg/StromStG.pdf
6. Bundesministerium für Justiz und Verbraucherschutz (Dezember 2020). Verordnung über den Zugang zu Elektrizitätsversorgungsnetzen (Stromnetzzugangsverordnung – StromNZV). Abgerufen am 16. März 2021 von https://www.gesetze-im-internet.de/stromnzv/StromNZV.pdf
7. Europäische Union (Dezember 2018). RICHTLINIE (EU) 2018/2001 DES EUROPÄISCHEN PARLAMENTS UND DES RATES vom 11. Dezember 2018 zur Förderung der Nutzung von

Energie aus erneuerbaren Quellen (Neufassung). Abgerufen am 24. März 2020 von https://eur-lex.europa.eu/legal-content/DE/TXT/PDF/?uri=CELEX:32018L2001&from=EN

8. Bundesministerium für Justiz und Verbraucherschutz (2021). Gesetz für den Ausbau erneuer-barer Energien (Erneuerbare-Energien-Gesetz – EEG 2021). Abgerufen am 1. März 2021 von https://www.gesetze-im-internet.de/eeg_2014/EEG_2021.pdf

9. Bundesministerium für Justiz und Verbraucherschutz (Dezember 2019). Abgerufen am 25. März 2020 von https://www.gesetze-im-internet.de/bgb/BGB.pdf

10. EUWID (Oktober 2019). Geschäftsmodell Power Purchase Agreement (PPA): Potenzial zum Megatrend?. Abgerufen am 23. März 2020 von https://www.euwid-energie.de/geschaeftsmodell-power-purchase-agreement-ppa-potenzial-zum-megatrend/

11. Clearingstelle EEG KWKG (Mai 2015). Was ist ein Netzanschlussbegehren? Abgerufen am 18. März 2021 von https://www.clearingstelle-eeg-kwkg.de/haeufige-rechtsfrage/146

12. Clearingstelle EEG KWKG (Juli 2017). Müssen Anlagen- und Netzbetreiber einen Einspeise-vertrag abschließen? Abgerufen am 18. März 2021 von https://www.clearingstelle-eeg-kwkg.de/haeufige-rechtsfrage/9

13. Bundesministerium für Justiz und Verbraucherschutz (März 2021). Bürgerliches Gesetzbuch (BGB). Abgerufen am 05. April 2021 von https://www.gesetze-im-internet.de/bgb/BGB.pdf

Post-EEG: Messkonzepte

6

Eine Grundlage für die Abrechnung von Energiemengen stellt das Messkonzept dar. Es garantiert eine verursachungsgerechte Erfassung für eingespeiste Energiemengen in das öffentliche Stromnetz, für bezogene Energiemengen aus dem öffentlichen Stromnetz und für selbstverbrauchte Energiemengen aus der eigenen Erzeugungsanlage. Da das EEG und KWKG keine expliziten Vorgaben für die Umsetzung für jeden Fall von Messkonzepten machen, gibt es von den Verbänden verschiedene Vorschläge für die unterschiedlichen Szenarien. Die Auswahl des Messkonzeptes liegt dabei immer beim Anlagenbetreiber [1].

Im ersten Schritt ist grundsätzlich zu differenzieren, ob das Messkonzept für eine Volleinspeisung oder eine Überschusseinspeisung mit Eigenverbrauch vorgesehen ist. Da es sich bei den ersten ausgeförderten Anlagen immer um Volleinspeiser handelt und kein Eigenverbrauch stattfindet, ist eine Umstellung auf Eigenverbrauch immer mit einer Anpassung des Messkonzepts verbunden. Wie eine genaue Ausgestaltung der zwei Szenarien Volleinspeisung oder Überschusseinspeisung mit Eigenverbrauch für ausgeförderte Anlagen aussehen könnte, soll in diesem Kapitel vorgestellt werden. Ein Anspruch auf Vollständigkeit der Varianten wird in diesem Fall nicht erhoben. Vielmehr handelt es sich um mögliche Umsetzungsvorschläge [1].

6.1 Volleinspeisung

Bei ausgeförderten Anlagen, welche ihre Energie vollständig in das öffentliche Stromnetz einspeisen sollen, ist zwischen zwei unterschiedlichen Szenarien zu differenzieren. Zum einen ist zu prüfen ob sich hinter dem Netzanschlusspunkt lediglich die Erzeugungsanlage (Option 1) oder auch einer bzw. mehrere Verbraucher befinden (Option 2). Daneben besteht auch die Möglichkeit, dass sich mehrere Erzeugungsanlagen

M. Linnemann, *Post-EEG-Anlagen in der Energiewirtschaft*, https://doi.org/10.1007/978-3-658-35072-7_6

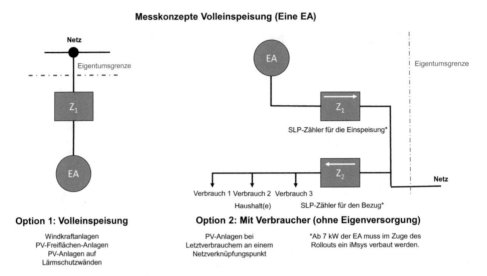

Abb. 6.1 Messkonzepte Volleinspeisung bei einer Erzeugungsanlage (EA)

hinter dem Netzanschlusspunkt befinden. Dieser Fall wird in diesem Abschnitt jedoch nicht betrachtet (vgl. Abb. 6.1).

Die erste Option, dass sich lediglich eine Erzeugungsanlage hinter dem Netzanschlusspunkt befindet, ist meistens bei Windkraftanlagen, PV-Freiflächen-Anlagen oder PV-Anlagen auf Lärmschutzwänden vorzufinden. Die Anlagen sind meist größer als 100 kW, kommen aus der geförderten Direktvermarktung und verfügen bereits über Steuerungs- und Regelungstechnik zur Drosselung des Einspeiseverhaltens [1–3].

Bei der zweiten Option befindet sich neben der Erzeugungsanlage auch mindestens ein Verbraucher hinter dem Netzanschlusspunkt. Sowohl die Erzeugungsanlage als auch der oder die Verbraucher verfügen über einen eigenen SLP-Zähler. Die Erzeugungsanlage besitzt einen SLP-Zähler für die Einspeisung, der Verbraucher einen SLP-Zähler für den Strombezug aus dem öffentlichen Stromnetz. Ein Eigenverbrauch erfolgt nicht. In der Erzeugungsanlage handelt es sich meist um eine PV-Anlage die z. B. auf einem Hausdach eines Letztverbrauchers installiert ist [1, 4].

Für beide Betriebsphasen gilt, dass im Zuge des Rollouts nach dem Messstellenbetriebsgesetz (MsbG) der Einbau von iMsys ab einer Erzeugungsleistung von 7 kW in den nächsten Jahren nach Bekanntgabe des BSI verpflichtend ist. Messkonzepte für Anlagen mit einer Leistung von unter 7 kW unterliegen nicht der Einbaupflicht von iMsys sofern sich die Anlage im Netzbetreibermodell befindet. In der sonstigen Direktvermarktung ist eine Erfassung der Erzeugung auf 15 min-Basis erforderlich, wodurch die Installation eines neuen Messsystems notwendig wird [2, 4, 5].

6.2 Überschusseinspeisung mit Eigenversorgung

Neben der Volleinspeisung in das öffentliche Netz können ausgeförderte Anlagen auf den Eigenverbrauch umgestellt werden. Voraussetzung ist neben der Erzeugungsanlage ein Verbraucher hinter dem gemeinsamen Netzanschlusspunkt. Eine Anpassung des Messkonzepts ist immer erforderlich, da die ersten ausgeförderten Anlagen ihre erzeugte Energie immer vollständig in das Netz einspeisen mussten.

Für Anlagen unter 7 kW ist der Einbau einer modernen Messeinrichtung mit 2-Wege-Zählung ausreichend sofern die Anlage im Netzbetreibermodell vermarktet wird (Option 1). Für Anlagen mit einer Leistung größer 7 kW ist nach dem MsbG der Einbau eines iMsys vorgesehen (Option 2). Wechselt die Anlage in die Sonstige Direktvermarktung, ist immer der Einbau eines iMsys erforderlich, da der Lastgang im 15 min-Takt zu messen ist. Im Rahmen der Umstellung auf ein iMsys ist nicht nur der Zähler Z_2 auszutauschen, sondern auch der SLP-Einspeisezähler Z_1 der Erzeugungsanlage mit einem modernen Messsystem, welches an das Smart-Meter-Gateway (SMGW) anzuschließen ist (vgl. Abb. 6.2) [1, 5, 6].

6.3 Sonderfall ausgeförderte und geförderte Anlagen

In den zwei betrachteten Szenarien aus Abschn. 6.1 und Abschn. 6.2 wurde die Annahme getroffen, dass sich immer nur eine Erzeugungsanlage hinter dem Netzanschlusspunkt befindet. Dies ist in der Praxis jedoch nicht immer der Fall. Beispielsweise kann sich ein Haushaltskunde dazu entschlossen haben, im ersten Schritt auf der einen Seite der Dachfläche eine PV-Anlage zu installieren und zwei Jahre später auf der anderen Seite

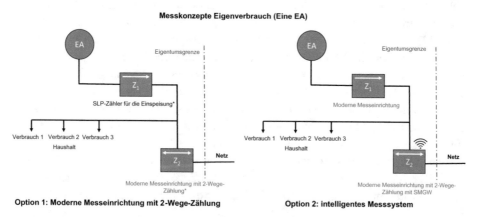

Abb. 6.2 Messkonzepte bei Überschusseinspeisung bei einer Erzeugungsanlage (EA)

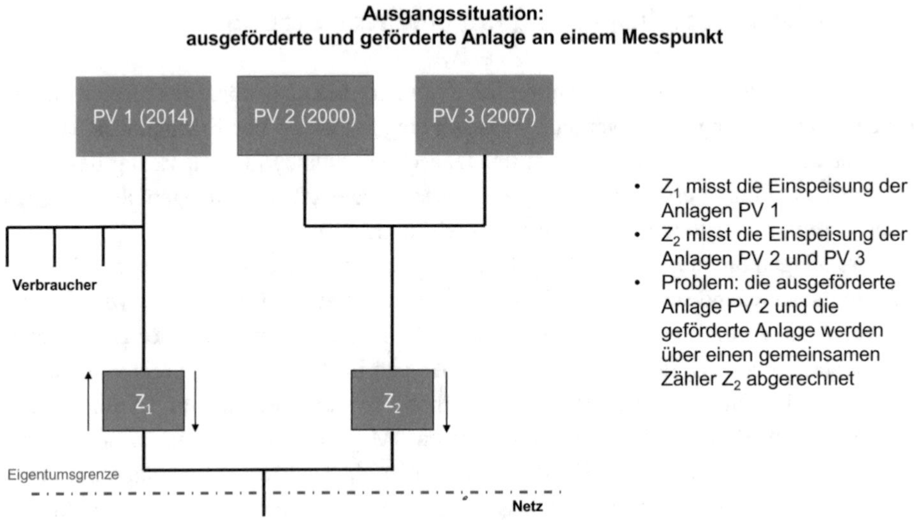

Abb. 6.3 Beispiel für mehrere Erzeugungsanlagen hinter einem Netzanschlusspunkt bei der eine ausgeförderte und eine geförderte Anlage hinter einer Messlokation

seines Daches eine zusätzliche PV-Anlage. Hierdurch wird der Haushaltskunde Anlagenbetreiber zwei verschiedener Anlage, welche noch über einen unterschiedlich langen Zeitraum Anspruch auf eine Förderung besitzen und deren Förderhöhe unterschiedlich hoch ausfällt. Dies ist im Messkonzept zu berücksichtigen. Gleiches gilt, wenn eine Erzeugungsanlage aus der EEG-Förderung fällt [1, 2].

Welche Auswirkungen das Herausfallen einer Erzeugungsanlage aus der Förderung auf das Messkonzept haben kann, soll am folgenden Beispiel verdeutlicht werden (vgl. Abb. 6.3). In diesem Fall sind hinter einem Netzanschlusspunkt drei PV-Anlagen sowie mehrere Verbraucher angeschlossen. Die Anlage PV 1 wurde 2014 installiert, PV 3 im Jahr 2007 und die Anlage PV 2 im Jahr 2000. Letztere fällt in diesem Beispiel nach 20 Jahren aus der EEG-Förderung. Vor der Anpassung des Messkonzepts erfolgte die Messung der Einspeisung der Anlagen PV 2 und PV 3 über einen gemeinsamen Einspeisezähler Z_2. Über den 2-Wege-Zähler Z_1 hingegen erfolgte die Messung der Einspeisung von PV 1. Durch das Herausfallen der Anlage PV 2 aus der Förderung darf keine gemeinsame Messung mehr über den Zähler Z_2 mit der Anlage PV 3 erfolgen. Eine Anpassung des Messkonzepts ist erforderlich.

Eine mögliche Anpassung des Messkonzepts ist auf der Abb. 6.4 zu sehen. Durch die zusätzliche Installation eines Zählers Z_3 vor der Anlage PV 2 kann die Erzeugung der Anlage genau ermittelt werden. Der Zähler ist vor dem Zähler Z_1 installiert, welcher die

Option 1 prozentuale Verteilung mit Eigenverbrauch

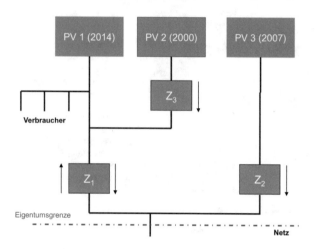

- Z_1 misst die Einspeisung der Anlagen PV 1 und PV 2
- Z_3 misst die Erzeugung der Anlage PV 2
- Die Einspeisung von PV 1 und PV 2 müsste prozentual zur installierten Leistung aufgeteilt werden
- Z_2 misst die Einspeisung von PV 3

Abb. 6.4 Option 1 prozentuale Verteilung mit Eigenverbrauch – Messkonzept für mehrere Erzeugungsanlagen mit einer ausgeförderten Anlage

Einspeisung der Anlagen PV 1 und PV 2 erfasst. Der Zähler Z_2 misst hingegen nur noch die Einspeisung der Anlage PV 3. Die Ermittlung der Einspeisung der Anlagen PV 1 und PV 2 erfolgt in diesem Fall prozentual zur installierten Leistung.

Auch bei diesem Messkonzept gilt, sollte eine der drei PV-Anlagen die Größe von 7 kW überschreiten, ist der Einbau eines iMsys erforderlich. Liegt die Leistung bei allen drei Anlagen unter 7 kW wie in diesem Beispiel, ist die Installation des 2-Wege-Zählers Z_1 ausreichend. Die Anpassung an das Messkonzept ist durch die zusätzliche Installation des Zählers Z_3 gering.

Eine weitere Möglichkeit zur Anpassung des Messkonzepts ist der Abb. 6.5 zu entnehmen. Hierbei findet keine Schätzung der Einspeisung auf Basis der installierten Leistung zwischen der Anlage PV 1 und PV 2 statt. Vielmehr kann durch die Installation eines vierten Zählers Z_4 eine anlagenscharfe Zuordnung der erzeugten und eingespeisten Energiemengen stattfinden. Der 2-Wege-Zähler Z_2 misst auch in diesem Fall die Einspeisung der Anlagen PV 1 und PV 2. Eine Installation des Zählers Z_3 zur Erfassung der Erzeugungsleistung von PV 2 erfolgt ebenfalls. Der zusätzlich installierte Zähler Z_4 misst die Einspeisung der Anlage PV 1. Der Zähler Z_2 misst weiterhin die Einspeisung der Anlage PV 3. Auch für dies Messkonzept gilt, dass ein iMsys erforderlich ist, sofern eine Anlage die Größe von 7 kW überschreitet [1, 2, 5].

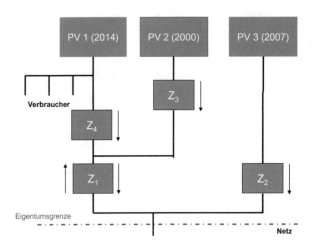

Abb. 6.5 Option 2 anlagenscharfe Zuordnung – Messkonzept für mehrere Erzeugungsanlagen mit einer ausgeförderten Anlage

6.4   Eigenverbrauch: Netzbetreibermodell vs. Sonstige Direktvermarktung

Für die Auswahl aller Messkonzepte hat das angewandte Vermarktungsmodell maßgeblichen Einfluss auf das Messkonzept der Erzeugungsanlage. Für ausgeförderte Anlagen im Sinne des EEG 2021 sind hierbei das Netzbetreibermodell und die Sonstige Direktvermarktung zu berücksichtigen. Da es sich bei ausgeförderten Anlagen um bereits bestehende Anlagen handelt, ist zu prüfen, ob das bestehende Messkonzept weiterverwendet werden kann. Hier ist zu differenzieren, ob weiterhin der Einsatz eines konventionellen Zählers erlaubt oder der Einsatz eines intelligenten Messsystems erforderlich ist. Der Einsatz der Messtechnik ist neben der Art des Vermarktungsmodells davon abhängig, ob der Strom voll in das öffentliche Stromnetz eingespeist wird oder ob auch ein Eigenverbrauch erfolgt (vgl. Abb. 6.6) [1, 2].

Im Netzbetreibermodell ist grundsätzlich immer eine Volleinspeisung möglich. Eine Anpassung des Messsystems ist in diesem Fall nicht erforderlich. Der Netzbetreiber ist jedoch berechtigt, den Anlagenbetreiber anzuweisen aus netzdienlichen Gründen ein iMsys einzubauen. Alternativ besteht eine Einbaupflicht, wenn das iMsys dem Roll-out nach dem MsbG unterliegt. Die Vermarktungskosten der eingespeisten Energie in

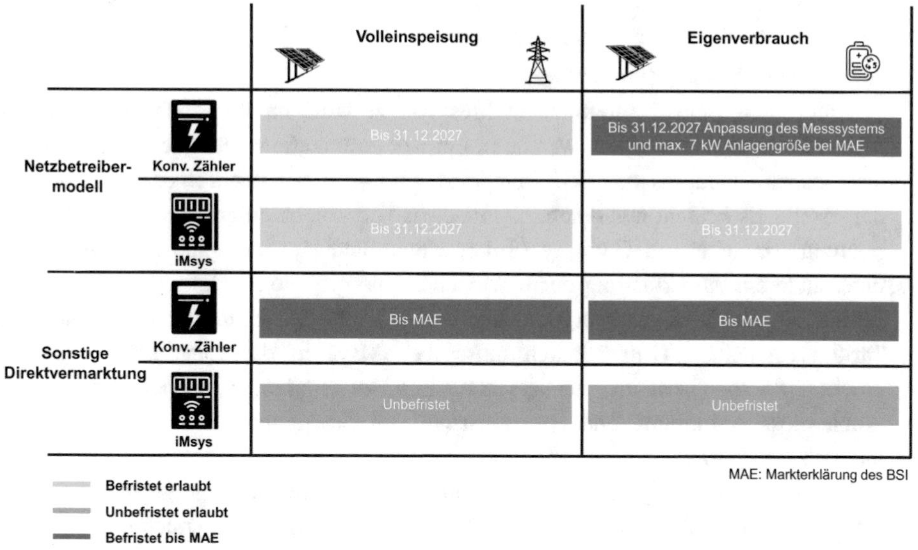

Abb. 6.6 Volleinspeisung und Überschusseinspeisung in den Vermarktungsformen in Abhängigkeit des Messkonzepts

das öffentliche Stromnetz stehen jedoch im Zusammenhang mit der eingesetzten Messtechnik. Für Anlagen, welche über konventionelle Messtechnik verfügen, erfolgt der Abzug einer Vermarktungsgebühr von 0,4 ct/kWh[1]. Für Anlagen mit einem iMsys sind die Kosten der Vermarktungsgebühr nur halb so hoch [2].

Da die ersten ausgeförderten Anlagen ursprünglich immer für die Volleinspeisung ausgelegt waren, ist für einen Eigenverbrauch eine Anpassung des Messkonzepts notwendig. Bis zur Markterklärung (MAE) des BSI ist der Einsatz konventioneller Zähler möglich. Allerdings erhalten Anlagen größer 7 kW im Zuge des Rollouts nach dem MsbG ein iMsys. Somit sollte nach der Markterklärung des BSI im Falle einer Anpassung des Messkonzepts direkt ein iMsys verbaut werden. Da das Netzbetreibermodell bis zum 31.12.2027 befristet ist, sollte bei der Anpassung des Messsystems auch die Konformität für das Vermarktungsmodell der Sonstigen Direktvermarktung geprüft werden, da nach Auslaufen des Netzbetreibermodells die ausgeförderten Anlagen in die Sonstige Direktvermarktung wechseln müssen [2, 5].

Für ausgeförderte Anlagen in der Sonstigen Direktvermarktung gilt hingegen, dass der Einsatz konventioneller Zähler nur bis zur Markterklärung des BSI erlaubt ist. Danach ist zwingend der Einsatz eines intelligenten Messsystems erforderlich [2, 5].

---

[1] Die Kosten von 0,4 ct/kWh gelten nur für das Jahr 2021. Der Wert wird von den Übertragungsnetzbetreibern in den nächsten Jahren jährlich angepasst [2].

Exkurs: Messsysteme und Netzewerke

Intelligentes Messsystem (iMsys)

Unter dem Begriff intelligentes Messsystem wird im allgemeinen Sinne eine Messeinrichtung verstanden, welche in ein Kommunikationsnetz nach den geltenden technischen Standards des BSIs integriert wird – in der nachfolgenden Abbildung dargestellt. Es besteht aus einem elektrischen Verbrauchszählern (moderne Messeinrichtung) sowie einem Gateway (Smart-Meter-Gateway). Aufgabe des Systems ist unter anderem die Erfassung der elektrischen Energie, die Sendung von Verbrauchswerten an das Energieversorgungsunternehmen und der Empfang von geänderten Tarifinformationen. Grundsätzlich muss das iMsys in der Lage sein, Daten zu erheben, zu speichern und zu versenden bzw. zu empfangen. Daneben muss eine problemlose Anbindung und Fernsteuerung von Erzeugungs- und Speicheranlagen möglich sein [5–7].

Das Ziel eines iMsys ist die Darstellung des tatsächlichen Energieverbrauchs. In diesem Zusammenhang sollen die tatsächlichen Nutzungszeiten ersichtlich sein. Ein intelligentes Messsystem besteht aus drei unterschiedlichen Netzwerken:

Wide Area Network (WAN)

Wide Area Network kann in das Deutsche mit Weitverkehrsnetz übersetzt werden. Es wird mit WAN abgekürzt. Das WAN stellt die Schnittstelle zwischen dem Gateway und den berechtigten EMTs dar. Im Fokus steht jedoch die Verbindung zwischen dem Gateway-Administrator und dem Gateway. Das Weitverkehrsnetz ermöglicht dem Administrator die Fernsteuerbarkeit des iMsys. Dadurch kann das Messsystem konfiguriert und der ordnungsgemäße Betrieb garantiert werden. Die Sendung der Daten kann z. B. über die Digital Subscriber Line (DSL) oder Power Line Communication (PLC) erfolgen. Die Nutzung des Mobilfunknetzes stellt ebenfalls ein mögliches Medium zur Datenübertragung dar [5–7].

Local Metrological Network (LMN)

Ein SMGW besitzt ein sogenanntes Local Metrological Network. Es stellt das Netzwerk zwischen dem SMGW und dem mM dar. Die mM übermitteln in diesem Netzwerk die Zählwerte der Letztverbraucher an das SMGW [5–7].

Home Area Network (HAN)

Das Home Area Network wird mit HAN abgekürzt und stellt die Schnittstelle für den Letztverbraucher bei einem intelligenten Messsystem über das Smart-Meter Gateway dar. Dafür stehen zwei Schnittstellen zur Verfügung. Die erste steht dem Letztverbraucher für die Anbindung von intelligenter Haustechnik oder beispielsweise Photovoltaikanlagen zur Verfügung. Die andere Schnittstelle dient dem Kunden zur Abfrage seiner Verbrauchswerte und Tarifinformationen, die über ein Display dargestellt werden. Daneben kann über dieselbe Schnittstelle ein Servicetechniker vor Ort zu Wartungszwecken oder Fehlerbehebung auf das iMsys zugreifen. Die Anbindung von Geräten im Home Area Network mit dem Gateway kann sowohl drahtlos als auch drahtgebunden erfolgen [5–7].

Aufbau eines intelligenten Messsystems iMsys (nach [6]):

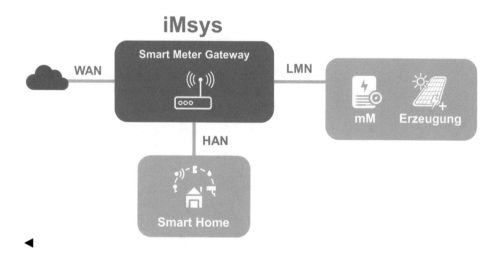

Literatur

1. VBEW (Februar 2021). VBEW-Messkonzepte – Handout zur Auswahl der Messkonzepte. Angerufen am 9. März 2021 von https://www.swm-infrastruktur.de/dam/jcr:94f532d5-e88c-4339-b0c7-e91180681ed7/vbew-messkonzepte-erzeugungsanlagen.pdf
2. Bundesministerium für Justiz und Verbraucherschutz (2021). Gesetz für den Ausbau erneuerbarer Energien (Erneuerbare-Energien-Gesetz – EEG 2021). Abgerufen am 1. März 2021 von https://www.gesetze-im-internet.de/eeg_2014/EEG_2021.pdf
3. Bundesministerium für Justiz und Verbraucherschutz (Februar 2021). Gesetz über die Elektrizitäts- und Gasversorgung (Energiewirtschaftsgesetz – EnWG). Abgerufen am 4. März 2021 von https://www.gesetze-im-internet.de/enwg_2005/EnWG.pdf
4. EnBW (Dezmeber 2020). Post-EEG-Anlagen: Was tun nach dem Ende der Photovoltaik-Förderung? Abgerufen am 20. März 2021 von https://www.enbw.com/blog/energiewende/solar-energie/post-eeg-anlagen-was-tun-nach-dem-ende-der-photovoltaik-foerderung/
5. Bundesministerium für Justiz und für Verbraucherschutz. (Dezember 2020). *Gesetz über den Messstellenbetrieb und die Datenkommunikation in intelligenten Energienetzen (Messstellenbetriebsgesetz – MsbG).* Abgerufen am 22. März 2021 von http://www.gesetze-im-internet.de/messbg/MsbG.pdf
6. M. Linnemann (Juli 2021). Energiewirtschaft für (Quer-)Einsteiger. Das 1 mal 1 der Stromwirtschaft. Springer Vieweg 2021.
7. Bundesamt für Sicherheit in der Informationstechnik (2015). Das Smart-Meter-Gateway. Abgerufen am 15. Januar 2019 von https://www.bsi.bund.de/SharedDocs/Downloads/DE/BSI/Publikationen/Broschueren/Smart-Meter-Gateway.pdf;jsessionid=D601B9C1B30A72E07642A3F7E48ABEC1.2_cid351?__blob=publicationFile&v=6

Post-EEG: Regulatorisches Umfeld

7

Für den Betrieb ausgeförderter Anlagen sind die Besonderheiten der Energiewirtschaft zu beachten. Aus diesem Grund beleuchtet das Kapitel die wichtigsten energiewirtschaftlichen Fragestellungen. Ein Schwerpunkt liegt auf der Thematik Abgaben und Umlagen, welche einen maßgeblichen Einfluss auf die Wirtschaftlichkeit des Betriebs ausgeförderter Anlagen haben. Weitere Themen wie u. a. das Einspeiseprivileg, die Ausstellung von Herkunftszertifikaten oder die Integration ausgeförderter Anlagen in das Engpassmanagement sollen näher betrachtet werden.

7.1 Abgaben und Umlagen

7.1.1 Stromsteuer

Stromsteuer & Entstehung

Elektrischer Strom unterliegt in Deutschland dem Stromsteuergesetz (StromStG). Das Gesetz umfasst jeglichen Strom unabhängig von der Spannung oder der Frequenz. Die physikalischen Eigenschaften des Stroms sind in diesem Fall irrelevant. Dabei stellt die Stromsteuer eine Verbrauchssteuer da, welche durch das Zollamt erhoben wird. Die Höhe der Stromsteuer bemisst sich an der Einheit Megawattstunden (MWh) und beträgt nach dem Regelsteuersatz derzeit 20,50 €/MWh (2021). Die Stromsteuer entsteht immer zu dem Zeitpunkt der Verbrauchsentnahme, wenn diese nicht der Stromsteuerbefreiung unterliegt. Steuerschuldner ist der Versorger oder Eigenerzeuger. In seltenen Fällen der Letztverbraucher. Der Versorger ist derjenige, welcher den Strom leistet (§2 Nr. 1 StromStG), während der Eigenerzeuger den Strom selbstverbraucht (0§2 Nr. 2 StromStG). Somit fällt die Stromsteuer immer zu dem Zeitpunkt an, wenn einer Letztverbraucher Strom aus dem Stromnetz entnimmt oder ein Eigenerzeuger

M. Linnemann, *Post-EEG-Anlagen in der Energiewirtschaft*, https://doi.org/10.1007/978-3-658-35072-7_7

seine produzierte Energie selbstverbraucht (§5 Abs. 1, 2 StromStG). Die Abführung der Stromsteuer erfolgt durch den Versorger oder Eigenerzeuger. Die Kosten der Stromsteuer werden an den Letztverbraucher mit der Stromrechnung weitergegeben. Für den Letztverbraucher besteht i. d. R. keine Verpflichtung zur Abführung der Stromsteuer gegenüber dem Zollamt [1, 2].

Generelle Möglichkeiten der Stromsteuerbefreiung
Die Befreiung von der Stromsteuer ist grundsätzlich möglich. Eine Anspruchsgrundlage haben unter bestimmten Voraussetzungen kleine EE-Erzeugungsanlagen oder hocheffiziente KWK-Anlagen mit einer maximal installierten Leistung von 2 MW (§9 Abs. 1 Nr. 3 StromStG). Voraussetzung ist eine Stromentnahme in einem räumlichen Zusammenhang zur Anlage. Alternativ kann der erzeugte Strom auch direkt vom Anlagenbetreiber selbstverbraucht werden. Die Unterstellung eines räumlichen Zusammenhangs ist bei einer maximalen Entfernung zwischen dem Erzeugungs- und Verbrauchsort von 4,5 km gegeben. Sind die Voraussetzungen der maximalzulässigen Anlagengröße und des räumlichen Zusammenhangs erfüllt und erfolgt ein Selbstverbrauch nach §9 Abs. 1 Nr. 3 lit. a StromStG oder eine Leistung an den Letztverbraucher nach §9 Abs. 1 Nr. 3 lit b) StromStG, ist die Beantragung einer Stromsteuerbefreiung möglich (vgl. Abb. 7.1) [1].

Stromsteuerbefreiung nach †9 Abs.1 Nr.3 StromStG

Abb. 7.1 Stromsteuerbefreiung nach §9 Abs. 1 Nr. 3 StromStG

Auf Basis von §9 Abs. 1 Nr. 3 StromStG haben kleine Windenergieanlagen mit einer installierten Leistung von bis zu 2 MW und Photovoltaikanlagen bis 2 MW, welche einen Großteil der ausgeförderten Anlagen ausmachen, die Möglichkeit, sich im Falle einer Eigenversorgung oder einer Direktlieferung in einem räumlichen Zusammenhang von 4,5 km von der Stromsteuer befreien zu lassen. Für Windkraft- und Photovoltaikanlagen sind allerdings die speziellen Regelungen zur Anlagenzusammenfassung zu berücksichtigen. So ist eine Zusammenfassung mehrerer kleiner Anlagen unter bestimmten Bedingungen erlaubt, wodurch die Schwelle von 2 MW Erzeugungsleistung überschritten werden kann [1, 3].

Für Anlagen mit einer Leistung größer 2 MW ist hingegen eine Stromsteuerbefreiung nach §9 Abs. 1 Nr. 1 StromStG nur möglich, wenn der „Strom, der in Anlagen mit einer elektrischen Nennleistung von mehr als zwei Megawatt aus erneuerbaren Energieträgern erzeugt und vom Betreiber der Anlage am Ort der Erzeugung zum Selbstverbrauch entnommen wird" [1]. Ein räumlicher Zusammenhang ist in diesem Fall zwar nicht explizit vorgeschrieben, da allerdings ein Selbstverbrauch der produzierten Energie zwingende Voraussetzung für eine Stromsteuerbefreiung ist, kann der Strom nur direkt vor Ort oder mittels einer Direktleitung verbraucht werden. Somit ist auch hier ein räumlicher Zusammenhang gegeben. Der Aufbau von Direktleitungen lohnt sich im Normalfall ausschließlich für kurze Distanzen, da das öffentliche Stromnetz nach §9 Abs. 1 Nr. 1 StromStG nicht genutzt werden darf. Somit handelt es sich bei der Direktleitung – umgangssprachlich ausgedrückt – um grünen Strom aus separaten grünen Netzen (vgl. Abb. 7.2) [1].

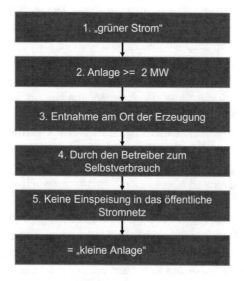

Stromsteuerbefreiung nach §9 Abs.1 Nr.1 StromStG

1. „grüner Strom"

2. Anlage >= 2 MW

3. Entnahme am Ort der Erzeugung

4. Durch den Betreiber zum Selbstverbrauch

5. Keine Einspeisung in das öffentliche Stromnetz

= „kleine Anlage"

Abb. 7.2 Stromsteuerbefreiung nach §9 Abs. 1 StromStG

Eine Befreiung von Windkraftanlagen mit einer installierten Leistung größer 2 MW ist in der Theorie nach §9 Abs. 1 Nr. 1 StromStG zwar möglich, in der Praxis jedoch selten vorzufinden. Ein Grund ist die Beschränkung der Stromsteuerbefreiung auf den Selbstverbrauch der erzeugten Energie. Die meisten Windkraftanlagen verbrauchen ihren Strom jedoch nicht selbst, sondern speisen ihn in das öffentliche Stromnetz ein. Hinzu kommt die Problematik, dass die klare Zuweisung, ob ein Selbstverbrauch vorliegt, schwierig ist, da Windkraftanlagen meist im Besitz mehrerer Akteure sind. Aus diesem Grund ist für eine stromsteuerliche Bewertung für Anlagen größer 2 MW immer eine Einzelfallprüfung erforderlich. Die Angabe pauschaler Aussagen ist an dieser Stelle nicht möglich. Im Falle des Selbstverbrauchs ist auch die Beantragung einer Steuerentlastung nach §9a, §9b und/oder §10 StromStG denkbar. Auch diese ist im Einzelfall zu prüfen [1, 3].

Stromsteuerbefreiung: Direktlieferung ohne öffentliches Stromnetz
Im Vermarktungsmodell Direktlieferung ohne öffentliches Stromnetz ist eine Befreiung von der Stromsteuer nach §9 Abs. 1 Nr. 3 StromStG möglich, wenn die Anlage nicht größer als 2 MW ist und ein räumlicher Zusammenhang zum Selbstverbrauch oder Lieferung des Stroms durch den Anlagenbetreiber an den Letztverbraucher besteht. Durch die direkte Lieferung des Stroms wird die Rolle des Anlagenbetreibers aus Sicht des Stromsteuergesetzes auf den Versorgerstatus erweitert. Demnach wird der Versorger verpflichtet, Stromsteuer abzuführen und die Rolle als Versorger beim örtlichen Hauptzollamt anzumelden. Für den Schriftverkehr ist ein Belegheft zu führen. Der an den Dritten gelieferten Strom ist jeweils zum 31. Mai jeden Jahres (Termin zur jährlichen Stromsteueranmeldung) an das Hauptzollamt zu melden (§ 4 Absatz 6 der Stromsteuer-durchführungsverordnung) [1, 4].

Der Versorgerstatus betrifft im Stromsteuerrecht jedoch nicht nur den gelieferten Strom, sondern auch den eigenen Strom des Anlagenbetreibers. Hierdurch ist der Anlagenbetreiber auch für seinen eigenen verbrauchten Strom stromsteuerpflichtig. Der Bezug des Stroms kann allerdings stromsteuerbefreit von einem beauftragten Lieferanten bezogen werden, welcher selbst gegenüber dem Hauptzollamt zur Abgabe der Stromsteuer verpflichtet ist. Somit muss der Anlagenbetreiber für den gelieferten, als auch selbstverbrauchten Strom die Stromsteuer abführen. Die Pflicht zur Abführung der Stromsteuer gilt für das gesamte Unternehmen standortübergreifend [1, 3].

Stromsteuerbefreiung: Sonstige Direktvermarktung
In der Sonstigen Direktvermarktung ist eine Stromsteuerbefreiung für kleine Anlagen bis 2 MW nach §1 Abs. 1 Nr. 3 StromStG mit einem Verbraucher in räumlicher Nähe mit einem Radius von maximal 4,5 km möglich. Voraussetzung ist auch hier ein Eigenverbrauch durch den Anlagenbetreiber oder die Lieferung an einen Dritten. Notwendig ist ein direktes Vertragsverhältnis zwischen dem Anlagenbetreiber und Letztverbraucher. Somit hat der Anlagenbetreiber die Rolle und Pflichten des Versorgers nach dem Stromsteuerrecht zu übernehmen. Eine Befreiung nach §9 Abs. 1 Nr. 1 StromStG für „grünen

Strom aus grünen Netzen" ist hingegen nur möglich, wenn der Strom ohne Netzdurchleitung selbstverbraucht wird. Würde eine Belieferung ohne Netzdurchleitung an einen Dritten erfolgen, handelte es sich nicht mehr um eine Sonstige Direktvermarktung, sondern eine Direktlieferung ohne Inanspruchnahme des öffentlichen Stromnetzes [1, 3].

Stromsteuerbefreiung: Netzbetreibermodell
Für das Vermarktungsmodell kann zur Stromsteuerbefreiung als Analogie die Regelung für die Sonstige Direktvermarktung angewendet werden. Allerdings gilt dies nur für den Fall, dass der Anlagenbetreiber seinen Strom selbst verbraucht. Eine Lieferung an einen Dritten ist nicht möglich, da die Abnahme und Vermarktung des eingespeisten Stroms in das öffentliche Stromnetz immer durch den Netzbetreiber erfolgt. Somit ist ein direktes Vertragsverhältnis zwischen dem Anlagenbetreiber und Letztverbraucher nicht möglich [1, 5].

7.1.2 EEG-Umlage

Die Fragestellung, ob ein Betreiber einer ausgeförderten Anlage zur Abführung der EEG-Umlage verpflichtet ist, hängt von unterschiedlichen Faktoren ab. Im Normalfall ist das EVU verpflichtet als Lieferant an den Letztverbraucher die EEG-Umlage an den Übertragungsnetzbetreiber zu übermitteln §60 Abs. 1 EEG [5].

Eine Stromlieferung durch ein EVU liegt bereits vor, „[…] wenn der Strom einer anderen natürlichen oder juristischen Person überlassen wird, die den Strom ihrerseits verbraucht. Das ist auch der Fall, wenn es sich bei der liefernden Person nicht um ein professionelles Unternehmen, sondern um eine natürliche Person oder Personengesellschaft handelt oder die Überlassung unentgeltlich erfolgt." [6]

Beispielsweise würde dies für Betreiber ausgeförderter Anlagen bedeuten, dass bereits eine Überlassung von Strom an den Nachbarn der Pflicht zur Abführung der EEG-Umlage unterläge. Hierbei ist es unerheblich, ob der Strom separat über eine Messeinrichtung erfasst, abgerechnet oder verschenkt wird. Es besteht somit immer eine Pflicht zur Abführung der EEG-Umlage, wenn der Betreiber der ausgeförderten Anlage einen Dritten mit Strom beliefert und keine Personenidentität nach §61 ff. EEG besteht [5, 6].

Liegt keine Stromlieferung vor, ist derjenige zur Zahlung der EEG-Umlage verpflichtet, der den Strom verbraucht. In diesem Fall der Letztverbraucher. Hierbei ist zwischen verschiedenen Fällen ohne Stromlieferung zu differenzieren. Zum einen kann der produzierte Strom des Anlagenbetreibers direkt von ihm selbst in der Rolle des Letztverbrauchers verbraucht werden. Liegt eine Personenidentität zwischen dem Anlagenbetreiber und Letztverbraucher vor, besteht keine Stromlieferung, da eine Lieferung zwischen zwei verschiedenen Personen erfolgen muss [5, 6].

Ist die strikte Personenidentität zwischen Anlagenbetreiber und Letztverbraucher eingehalten, besteht ein räumlicher Zusammenhang zwischen dem Erzeugungsort und Verbrauch, liegt eine Zeitgleichheit zwischen Erzeugung und Verbrauch vor und erfolgt keine Durchleitung durch das öffentliche Stromnetz, ist eine Eigenversorgung des Anlagenbetreibers im Sinne des EEG gegeben (vgl. Abb. 7.3). Eine Befreiung und Zahlung einer reduzierten EEG-Umlage ist somit möglich. Liegt zwar eine Personen-identität vor, aber kein räumlicher Zusammenhang oder erfolgt eine Durchleitung durch das öffentliche Stromnetz, hat der Anlagenbetreiber die volle EEG-Umlage an den zuständigen Übertragungsnetzbetreiber abzuführen. In diesem Fall wird von einem sonstigen selbsterzeugten Selbstverbrauch gesprochen. Ein sonstiger Selbstverbrauch läge z. B. vor, wenn eine ausgeförderte Anlage einen Dritten im Ausland beliefert. Die Feststellung zum Vorliegen eines Eigenverbrauchs erfolgt durch den zuständigen Netz-betreiber (§74a EEG) [5, 6].

Grundsätzlich ist jeder Anlagenbetreiber zur Abführung der EEG-Umlage im Falle einer Eigenversorgung verpflichtet (§61 Abs. 1 EEG). Die Höhe der EEG-Umlage ist abhängig von der installierten Erzeugungsleistung der Anlage. Anlagen mit einer maximal installierten Leistung von 30 kW sind von der Zahlung der EEG-Umlage befreit. Die Befreiung gilt für alle geförderten Anlagen und ausgeförderten Anlagen.

Abb. 7.3 Voraussetzungen für die Eigenversorgung in Sinne des EEG 2021

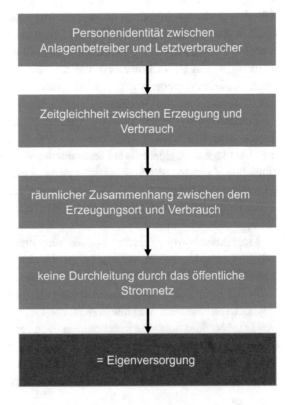

Anlagen mit einer installierten Leistung von über 30 kW müssen eine anteilige EEG-Umlage von 40 % zahlen [5].

Daneben sind die Sonderkonstellationen für stromintensive Unternehmen gemäß §63 und §104 EEG zu beachten. Die Abführung der Umlage erfolgt stets durch das Unternehmen selbst, wobei die Höhe der zu zahlenden EEG-Umlage im Einzelfall zu betrachten ist. Dies gilt sowohl für den verbrauchten Strom aus einer Lieferung, als auch für den Strom aus einer Eigenversorgung [5, 6].

Für ausgeförderte Anlagen bedeutet dies, dass die Zahlung der EEG-Umlage von der Art der Weitervermarktung abhängig ist:

Netzbetreibermodell
Im Netzbetreibermodell haben Betreiber ausgeförderter Anlagen sowohl die Möglichkeit den Strom vollständig in das Netz einzuspeisen als auch selbst zu verbrauchen. Im Falle einer Volleinspeisung erfolgt die Vermarktung des Stroms durch den Netzbetreiber auf der Strombörse. Da der Strom von einem Dritten gekauft und an einen Letztverbraucher geliefert wird ist der Dritte für die Abführung der EEG-Umlage verantwortlich. Eine Pflicht für den Betreiber der ausgeförderten Anlage besteht nicht. Sofern der Anlagenbetreiber auch als Letztverbraucher agiert, besteht ein direktes Vertragsverhältnis zwischen ihm und einem Lieferanten seiner Wahl. Für diesen Strom hat der EEG-Anlagenbetreiber EEG-Umlage zu entrichten, sofern keine Befreiung für stromintensive Unternehmen vorliegt (vgl. Abb. 7.4) [5].

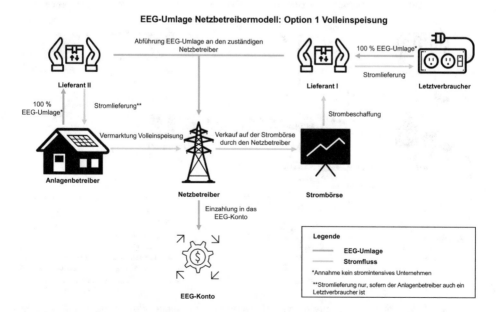

Abb. 7.4 EEG-Umlage Netzbetreibermodell: Option 1 Volleinspeisung

Liegt keine Voll-, sondern eine Überschusseinspeisung der ausgeförderten Anlage im Netzbetreibermodell vor, ist für den selbstverbrauchten Strom im Rahmen einer Eigenversorgung eine verringerte EEG-Umlage von 40 % zu entrichten. Beträgt die installierte Leistung der ausgeförderten Anlage maximal 30 kW, ist der Anlagenbetreiber von der EEG-Umlage für selbstverbrauchten Strom aus seiner Anlage befreit (vgl. Abb. 7.5) [5].

Sonstige Direktvermarktung
Wie auch im Netzbetreibermodell erfolgt die Vermarktung der produzierten Energie in der Regel über einen Dritten. In diesem Fall nicht über den Netzbetreiber, sondern durch einen beauftragten Lieferanten bzw. Direktvermarkter im Auftrag des Betreibers der ausgeförderten Anlage. Auch hier gilt, dass der Anlagenbetreiber keine EEG-Umlage für den eingespeisten Strom in das öffentliche Stromnetz zu entrichten hat. Liegt eine Eigenversorgung vor, ist auch hier die verringerte EEG-Umlage von 40 % zu zahlen. Für Anlagen mit einer maximalen installierten Leitung von 30 kW gilt ebenfalls eine EEG-Umlagenbefreiung für selbstverbrauchten Strom aus der eigenen Anlage. Sofern der Anlagenbetreiber auch als Letztverbraucher agiert, gilt ebenfalls, dass der Anlagenbetreiber die volle EEG-Umlage auf bezogenen Strom aus dem öffentlichen Stromnetz zu zahlen hat, sofern es sich nicht um ein stromintensives Unternehmen handelt [5].

Entscheidet sich der Anlagenbetreiber, den Strom selbst zu vermarkten und die Rolle des Lieferanten einzunehmen, ist der Betreiber der ausgeförderten Anlage verpflichtet

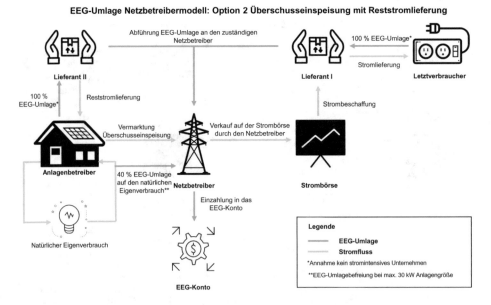

Abb. 7.5 EEG-Umlage Netzbetreibermodell: Option 2 Überschusseinspeisung mit Reststromlieferung

die EEG-Umlage gegenüber dem Letztverbraucher zu erheben und an den Übertragungsnetzbetreiber weiterzuleiten §74a EEG [5].

Die Feststellung einer Eigenversorgung in der Sonstigen Direktvermarktung dürfte
für viele Anlagen in der Praxis schwieriger sein als im Netzbetreibermodell. Eine
Ursache liegt in der Art und Größe der Anlage. Da das Netzbetreibermodell auf Anlagen
mit einer maximalen installierten Leistung von 100 kW beschränkt ist und für Windenergieanlagen an Land nur eine kurze Übergangsfrist bis Ende 2021 gilt, dürften sich
in den ersten Jahren in der Sonstigen Direktvermarktung viele große Windkraft, Biomasse und große PV-Anlagen befinden. Die Anlagen werden jedoch selten von nur einer
juristischen oder natürlichen Person betrieben, sondern sind im Besitz mehrerer Akteure
wie z. B. einer Genossenschaft. Im Leitfaden zur Eigenversorgung der BNetzA sieht die
Behörde die Voraussetzungen zur privilegierten Eigenversorgung in diesem Falls als eine
nichtvorhandene Personenidentität als nicht erfüllt an. Eine Umsetzung der Eigenversorgung dieser Anlagen ist in der Praxis somit schwierig [3, 5].

Direktlieferung ohne öffentliches Stromnetz

Bei ausgeförderten Anlagen, welche sich in der Direktlieferung ohne Nutzung des
öffentlichen Stromnetzes befinden, besteht in der Regel ein Stromliefervertrag mit einem
Dritten. Aus diesem Grund ist die volle EEG-Umlage auf den gelieferten Strom zu entrichten. Da der Betreiber in diesem Fall die Rolle des Lieferanten übernimmt, ist er für
die Erhebung der EEG-Umlage gegenüber dem Letztverbraucher und der Abführung an
den zuständigen Übertragungsnetzbetreiber verantwortlich. Liegt eine Eigenversorgung
vor, kann der Betreiber eine EEG-Umlagenreduzierung auf 40 % in Anspruch nehmen.
Für ausgeförderte Anlagen mit einer maximalen installierten Leistung von 30 kW gilt
auch hier eine Umlagenbefreiung. Die Sonderkonstellation für stromintensive Unternehmen sind auch in diesem Fall zu beachten (vgl. Abb. 7.6) [3, 5].

7.1.3 Netznutzungsentgelte (NNE)

Netznutzungsentgelte sind Gebühren zur Finanzierung von öffentlichen Gas- oder
Stromnetzen an den Netzbetreiber, welche durch den Letztverbraucher zu zahlen sind.
Die Gebühr wird für den Letztverbraucher über jede bereitgestellte Kilowattstunde aus
dem öffentlichen Stromnetz erhoben. Größere Letztverbraucher müssen zusätzlich für
die Bereitstellung der Anschlussleistung aufkommen. Somit ist jeder Letztverbraucher
zur Zahlung der Netznutzungsentgelte für jede verbrauchte Kilowattstunde aus dem
öffentlichen Stromnetz verpflichtet. Letztverbraucher mit einem besonders hohen Verbrauch über das gesamte Jahr und einer atypischen Netznutzung zahlen geringere Netznutzungsentgelte (§19 StromNEV). Betreiber ausgeförderter Anlagen sind somit nur
indirekt betroffen, da die Zahlung der Netzentgelte durch den Letztverbraucher erfolgt,
sofern bei der Anlage eine Volleinspeisung vorliegt [5, 7, 8].

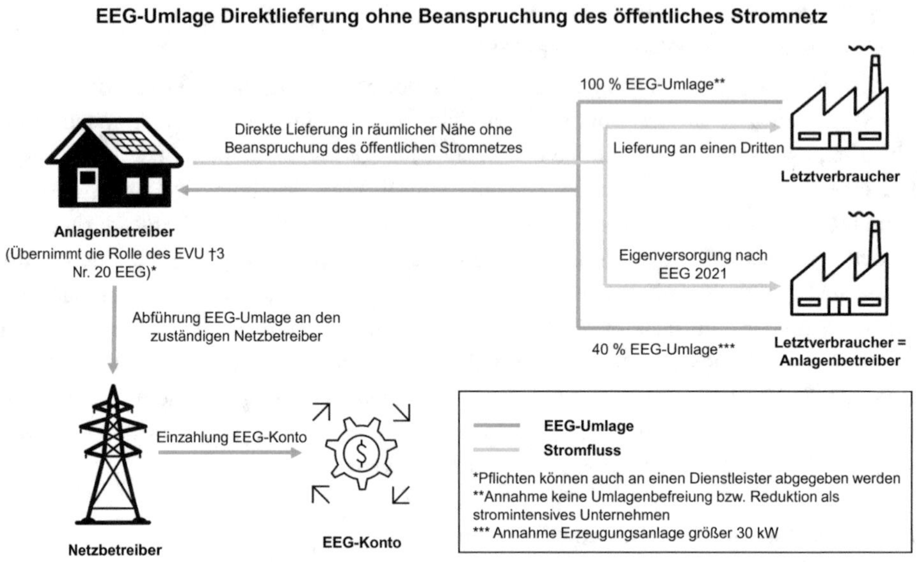

EEG-Umlage Direktlieferung ohne Beanspruchung des öffentliches Stromnetz

Abb. 7.6 EEG-Umlage Direktlieferung ohne Beanspruchung des öffentlichen Stromnetzes

Netzbetreibermodell

Im Netzbetreibermodell ist die Zahlung der Netznutzungsentgelte für den Betreiber der ausgeförderten Anlage nur interessant, sofern eine Eigenversorgung vorliegt. Der selbstverbrauchte Strom ist von der Zahlung der Netznutzungsentgelte befreit, da der Erzeugung und Verbrauch am selben Ort stattfinden und keine Durchleitung durch das öffentliche Stromnetz erfolgt. Bei ausgeförderten Anlagen in der Volleinspeisung werden die Netznutzungsentgelte durch den Letztverbraucher getragen, da eine Durchleitung des Stroms durch das öffentliche Stromnetz erfolgt. Ggf. ist eine Reduktion der Netznutzungsentgelte nach §19 StromNEV möglich. Neben den Netznutzungsentgelte ist der selbstverbrauchte Strom von der Konzessionsabgabe und den weiteren netzseitigen Umlagen befreit [5, 7].

Sonstige Direktvermarktung

Für ausgeförderte Anlagen in der Sonstigen Direktvermarktung gelten die gleichen Regeln wie für Anlagen im Netzbetreibermodell.

Direktlieferung

Die Direktlieferung stellt im Gegensatz zur Sonstigen Direktvermarktung oder dem Netzbetreibermodell eine Sonderrolle dar. Da der gesamte Strom aus der ausgeförderten Anlage über eine Direktleitung zum Letztverbraucher transportiert wird, liegt keine Beanspruchung des öffentlichen Stromnetzes vor. Der Letztverbraucher ist somit nicht

zur Abgabe der Netznutzungsentgelte, der Konzessionsabgabe und den weiteren netzseitigen Umlagen verpflichtet [5].

7.1.4 Vermiedene Netznutzungsentgelte (vNNE)

Betreiber von dezentralen Erzeugungsanlagen erhalten von ihrem Netzbetreiber eine
Vergütung für vermiedene Netzentgelte (vNNE), für die Vermeidung von Netzentgelten
durch die Einspeisung auf einer unteren Spannungsebene gilt §18 StromNEV. Voraussetzung hierfür ist jedoch eine viertelstündliche Leistungsmessung. Die Berechnung der
vNNE setzt sich aus einem Arbeits- und Leistungsanteil zusammen [7].

Die Erhebung der Netznutzungsentgelte (NNE) im deutschen Stromnetz erfolgt noch nach dem
alten Prinzip der Top-Down-Einspeisung von Erzeugungsanlagen. Demnach sind alle Erzeugungsanlagen auf der Höchst- bzw. Hochspannungsebene angeschlossen. Der Strom wird für den Letztverbraucher auf eine untere Spannungsebene (Mittel- oder Niederspannung) transformiert. Mit
der Inanspruchnahme jeder weiteren Spannungsebene steigen die NNE. Mit den vNNE wurde
ein Instrument in der Vergangenheit geschaffen, welche Erzeugungsanlagen dafür belohnt ihren
produzierten Strom direkt auf der Mittel- oder Niederspannungsebene einzuspeisen. Dadurch
sollte die Höchst- bzw. Hochspannung entlastet werden. Die vNNE gingen direkt an die Anlagenbetreiber. Genauere Details sind in §18 StromNEV zu finden.

Erzeugungsanlagen nach dem EEG erhalten aufgrund der bereits bestehenden Förderung
keine zusätzliche Auszahlung der vNNE, weil diese bereits in der EEG-Förderung mit-
berücksichtigt wurde. Für volatile Neuanlagen wie Wind- oder PV-Anlagen wurden
2018 mit dem Netzmodernisierungsgesetz die vNEE abgeschafft. Dezentrale, volatile
Erzeugungsanlagen, die vor 2018 in Betrieb gegangen sind und sich außerhalb der
EEG-Förderung befinden haben jedoch einen Anspruch auf vNNE. Somit müssten
ausgeförderte Anlagen in der Sonstigen Direktvermarktung einen Anspruch auf
die Auszahlung von vNNE haben, sofern die technischen Vorgaben zur Erfassung
der Leistungsmessung umgesetzt wurden. Allerdings wurde im Rahmen des Netz-
modernisierungsgesetzes ein Abbau der vNNE für volatile Bestandsanlagen innerhalb
von drei Jahren beschlossen. Aus diesem Grund ist eine Inspanspruchnahme der vNNE
von volatilen, ausgeförderten Erzeugungsanlagen nicht mehr möglich. Steuerbare
Bestandanlagen haben jedoch weiter einen Anspruch [7, 9, 10, 11].

7.2 Herkunftsnachweise

Herkunftsnachweise
Lieferanten haben die Möglichkeit ihren eingekauften Strom mit einem Grünstromzertifikat, einem sog. Herkunftsnachweis, als Ökostrom zu vermarkten. Der Lieferant hat

so die Möglichkeit gegenüber dem Letztverbraucher einen höheren Verkaufspreis zu erzielen [12].

In Deutschland dürfen für regenerative Erzeugungsanlagen grundsätzlich nur Herkunftsnachweise (HKN) ausgestellt werden, wenn sich die Anlage nicht mehr in der EEG-Förderung befindet. Für Anlagen innerhalb der Förderung besteht ein Doppelvermarktungsverbot (§80 EEG). Dies bedeutet, dass in Deutschland in der Regel Letztverbraucher, welche einen Ökostromvertrag abgeschlossen haben, keinen Ökostrom aus einer Windkraftanlage oder PV-Anlage erhalten. Vielmehr stammt der Großteil der HKN aus skandinavischen, vereinzelt aus deutschen Wasserkraftwerken. Aus diesem Grund gibt es auch unterschiedliche Gütesiegel und Klassen für HKN, weswegen ein HKN einer deutschen Erzeugungsanlage als höherwertig eingestuft wird, da diese schwieriger am Markt zu beschaffen ist. In der Praxis beschaffen Lieferanten HKN für ein bis zwei Jahre im Voraus. Wichtig ist, dass mit dem Kauf eines Ökostromvertrages in der Regel keine Erzeugungsanlagen in Deutschland gefördert werden, die sich noch in der EEG-Förderung befinden. Dies geschieht weiterhin über die EEG-Umlage. Durch den Mangel an zertifiziertem Ökostrom aus Deutschland und durch die Beschaffung aus dem Ausland, bieten ausgeförderte Anlagen das Potential als besonders hochwertige Ökostromanlagen vermarktet zu werden [5, 12].

Die Abwicklung des Herkunftsnachweises (vgl. Abb. 7.7) erfolgt über ein digitales Buchhaltungssystem, welches vom Umweltbundesamt im Herkunftsnachweisregister verwaltet wird. Ist der HKN ausgestellt, wird dieser dem Anlagenbetreiber auf einem virtuellen Konto gutgeschrieben. Dieser kann den HKN an weitere Akteure wie z. B. einem Lieferanten oder Händler verkaufen. In der Praxis erfolgt der Verkauf dieser HKN z. B. über eine Online-Plattform, auf der unterschiedliche Akteure HKN anbieten oder ausschreiben. Kommt es zu einem Verkauf des HKN eines Anlagenbetreibers an einen Lieferanten, wird der HKN auf das Konto des Lieferanten gutgeschrieben. Verkauft der Lieferant nun Grünstrom an einen Letztverbraucher, wird die gelieferte Strommenge mit dem HKN verknüpft und nach Verbrauch der Energie entwertet. Eine

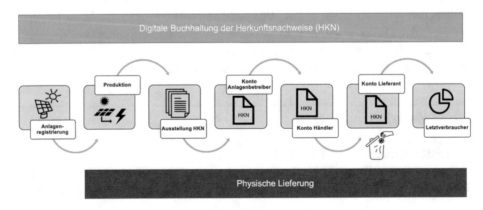

Abb. 7.7 Funktionsprinzip der Herkunftsnachweise [12]

erneute Verwendung eines HKN ist nicht erlaubt. Kommt es zu einer Abweichung der prognostizierten und der tatsächlich gelieferten Energie, so muss der Lieferanten entweder weitere HKN beschaffen oder kann die überschüssigen HKN verkaufen. Dem Letztverbraucher ist auf seiner Rechnung auszuweisen, woher der Strom beschafft wurde. Hier könnte explizit der Anteil der ausgeförderten Anlagen aus Deutschland ausgewiesen werden [12].

Netzbetreibermodell
Bei dem Netzbetreibermodell handelt es sich um eine Auffangvergütung aus dem EEG 2021. Somit besteht für ausgeförderte Anlagen im Netzbetreibermodell weiterhin ein Doppelvermarktungsverbot nach §80 EEG. Die Ausstellung von Herkunftsnachweisen ist somit nicht möglich [5].

Sonstige Direktvermarktung
Ausgeförderte Anlagen in der Sonstigen Direktvermarktung befinden sich weder in der EEG-Förderung, noch in der Auffangvergütung des Netzbetreibermodells. Somit können ausgeförderte Anlagen in der Sonstigen Direktvermarktung für den produzierten Strom Herkunftsnachweise beantragen. Lieferanten haben somit die Möglichkeit den Strom als Ökostrom weiterzuverkaufen. Der Verkauf der Zertifikate und des Stroms kann natürlich auch entkoppelt stattfinden [5].

Direktlieferung ohne öffentliches Stromnetz
Für Strom aus ausgeförderten Anlagen, welcher nicht in das Netz der allgemeinen Versorgung eingespeist wurde, besteht kein Anspruch auf eine EEG-Förderung. Seit dem EEG 2017 ist die Ausstellung von Herkunftsnachweisen für regenerativen Strom, der nicht in das öffentliche Stromnetz eingespeist wurde, möglich. Voraussetzung stellt hier eine Lieferung an Dritte und keine Eigenversorgung dar. Die Regelung ist vor allem auch für Mieterstromprojekte relevant, deren Energieerzeugung aus ausgeförderten Anlagen stammt. Auch dieser Strom kann als Ökostrom direkt an den Mieter vermarktet werden [5].

7.3 Regionalnachweise

Neben Herkunftsnachweisen existieren in der Energiewirtschaft auch sog. Regionalnachweise. Dabei handelt es sich um ein elektronisches Dokument, welches die regionale Herkunft eines bestimmten Anteils oder einer bestimmten Menge des verbrauchten Stroms aus erneuerbaren Energien nachweist (§3 Nr. 38 EEG). Der Anteil ist auf der Stromrechnung des Letztverbrauchers auszuweisen (§42 EnWG). Die Ausstellung von Regionalnachweisen ist jedoch nur Anlagen erlaubt, welche sich noch in der EEG-Förderung befinden. Eine Möglichkeit der Ausstellung von Regionalnachweisen für ausgeförderte Anlagen besteht nicht. Da der Netzbetreiber im Netzbetreibermodell verpflichtet ist den Strom als Graustrom auf der Börse zu vermarkten, fällt auch diese Option weg, obwohl die ausgeförderte Anlage sich noch in einer Auffangvergütung des EEG befindet [5].

7.4   Einspeiseprivileg

Wie auch für geförderte EE-Anlagen sind Netzbetreiber verpflichtet Strom aus ausgeförderten Anlagen, welche in das öffentliche Stromnetz einspeisen, vorrangig abzunehmen (§11 Abs. 1 EEG). Eine Pflicht ist nicht gegeben, wenn zwischen dem Direktvermarkter des Anlagenbetreibers und zuständigen Netzbetreiber eine vertragliche Vereinbarung besteht, welche von der vorrangigen Abnahme durch den Netzbetreiber aus netzdienlichen Gründen abweicht (§11 Abs. 3 EEG). Der Verlust des Förderanspruches durch das EEG hat somit keine Auswirkungen auf die vorrangige Einspeisung in das öffentliche Stromnetz [5].

Der Betreiber der ausgeförderten Anlage ist grundsätzlich verpflichtet, die kaufmännische Abnahme des eingespeisten Stroms sicherzustellen. Dies kann z. B. durch die Beauftragung eines Direktvermarkters oder Vertragsabschluss mit einem Letztverbraucher erfolgen. Ausgeförderte Anlagen mit einer Erzeugungsleistung von maximal 100 kW und Windenergieanlagen an Land wechseln ohne tätig werden des Betreibers der ausgeförderten Anlage in das Netzbetreibermodell. Nach Auslaufen des Vermarktungsmodells hat der Betreiber sich spätestens um die kaufmännische Abnahme des eingespeisten Stroms zu kümmern [5].

7.5   Netzanschluss & Technische Vorgaben

Der Betreiber von ausgeförderten Anlagen ist weiterhin an die Anweisungen des zuständigen Netzbetreibers bzgl. der technischen Vorgaben des Netzbetreibers gebunden (§8 EEG). Diesbezüglich sind die technischen Vorgaben des Netzbetreibers rund um den Betrieb der Anlage einzuhalten. Gleiches gilt für die gesetzlichen Meldepflichten für den Betrieb der Anlage. Hierzu gehört u. a. eine Anmeldung der Anlage an das Marktstammdatenregister. Ein Verstoß gegen die Auflagen des Netzbetreibers kann finanzielle Strafzahlungen, Rückzahlungen von vNNE oder der Verlust des Einspeiseprivilegs bewirken [5].

7.6   Engpassmanagement

Nach dem EEG 2021 müssen Anlagenbetreiber ausgeförderter Anlagen eine Reduktion der Leistung durch den Netzbetreiber im Falle eines Netzengpasses akzeptieren (§15 EEG). Im Rahmen der Maßnahme ist der Anlagenbetreiber für die Reduktion seiner Einspeiseleistung zu entschädigen – zuzüglich zusätzlichen Aufwendungen und abzüglich der ersparten Aufwendungen. Die Kosten kann der Netzbetreiber auf die Netznutzungs-entgelte umlegen sofern die Maßnahme erforderlich war und er sie nicht zu vertreten hat. Die Erstattungshöhe für den Anlagenbetreiber beträgt mindestens 95 %. Unter zusätz-lichen Kosten werden Aufwendungen für zusätzlich bezogenen Strom des Anlagen-betreibers verstanden, wenn der Anlagenbetreiber den eigenen Energiebedarf oder die Stromlieferungen an einen anderen Letztverbraucher vor der Einspeisestelle aufgrund der Abregelung seiner Anlage nicht mehr aus dem selbst erzeugten Strom decken konnte. Die Beweislast für den entstandenen Schaden durch die Abregelung des Netzbetreibers trägt der Anlagenbetreiber [5].

Allerdings erfolgt im Rahmen einer Entschädigung lediglich der Ausgleich der Marktprämie oder geförderten Einspeisevergütung. Die sonstigen Verkaufserlöse werden nicht angerechnet.

Ausgeförderte Anlagen erhalten jedoch keine Marktprämie mehr. So können Erzeugungsanlagen in der Sonstigen Direktvermarktung maximal die Kosten der ver-miedenen Netzentgelte anerkannt bekommen. Im Netzbetreibermodell sollten hin-gegen auch die Kosten der garantierten Einspeisevergütung anerkannt werden. In der Praxis sollten Anlagenbetreiber ausgeförderter Anlagen in der Sonstigen Direktver-marktung darauf achten, dass für nicht erfolgte Kompensationszahlungen wie z. B. dem angesetzten Verkaufspreis ein Anspruch gegenüber dem Direktvermarkter besteht [5, 10].

Literatur

1. Bundesministerium für Justiz und Verbraucherschutz (Juni 2019). Stromsteuergesetz (StromStG). Abgerufen am 24. März 2021 von https://www.gesetze-im-internet.de/stromstg/StromStG.pdf
2. Zoll (2021). Stromsteuer – Allgemeines. Abgerufen am 24. März 2021 von https://www.zoll.de/DE/Unternehmen/Herstellung-Vertrieb-in-Deutschland/Steuern/Strom/Allgemeines/allgemeines_node.html
3. BWE (2020). Eigenversorgung, Direktlieferung, Power-to-X und Regelenergie – sonstige Erlösoptionen außerhalb des EEG – Leitfaden. Abgerufen am 7. März 2021 von https://www.wind-energie.de/fileadmin/redaktion/dokumente/publikationen-oeffentlich/beiraete/juristischer-beirat/20171222_Eigenversorgung__Direktlieferung__Power-to-X_und_Regelenergie-final.pdf
4. Bundesministerium für Justiz und Verbraucherschutz (August 2020). Verordnung zur Durchführung des Stromsteuergesetzes (Stromsteuer-Durchführungsverordnung – StromStV). Abgerufen am 24. März 2021 von https://www.gesetze-im-internet.de/stromstv/StromStV.pdf
5. Bundesministerium für Justiz und Verbraucherschutz (2021). Gesetz für den Ausbau erneuerbarer Energien (Erneuerbare-Energien-Gesetz – EEG 2021). Abgerufen am 1. März 2021 von https://www.gesetze-im-internet.de/eeg_2014/EEG_2021.pdf
6. Bundesnetzagentur (Januar 2018). Formen der Stromversorgung nach den EEG-Umlagepflichten. Abgerufen am 28. März 2021 von https://www.bundesnetzagentur.de/DE/Sachgebiete/ElektrizitaetundGas/Unternehmen_Institutionen/ErneuerbareEnergien/Datenerhebung_EEG/FormenStromversorgung/FormenStromversorgung.html

7. Bundesministerium für Justiz und Verbraucherschutz (Oktober 2020). Verordnung über die Entgelte für den Zugang zu Elektrizitätsversorgungsnetzen (Stromnetzentgeltverordnung – StromNEV). Abgerufen am 30. März 2021 von https://www.gesetze-im-internet.de/stromnev/StromNEV.pdf
8. Bundesnetzagentur (kein Datum). Individuelle Netzentgelte nach §19 StromNEV. Abgerufen am 30. März 2021 von https://www.bundesnetzagentur.de/DE/Sachgebiete/ElektrizitaetundGas/Unternehmen_Institutionen/Netzentgelte/Strom/Sonderentgelte/individuellenetzentgelte-node.html
9. MVV (Februar 2020). Vermiedene Netzentgelte: das steckt dahinter. Abgerufen am 29. März 2021 von https://partner.mvv.de/blog/vermiedene-netzentgelte-das-steckt-dahinter
10. Energieagentur NRW (September 2020). Post EEG: aktueller Stand zum Weiterbetrieb von EE-Anlagen nach Auslaufen der gesetzlichen Vergütung. Abgerufen am 22. März 2021 von https://www.energieagentur.nrw/blogs/erneuerbare/beitraege/fachbeitrag-post-eeg-aktueller-stand-zum-weiterbetrieb-von-ee-anlagen-nach-auslaufen-der-gesetzlichen-verguetung/
11. Roedl & Partner (September 2017). Das Netzentgeltmodernisierungsgeset. Abgerufen am 28. März 2021 von https://www.roedl.de/themen/kursbuch-stadtwerke/september-2017/netzentgeltmodernisierungsgesetz
12. M. Linnemann (Juli 2021). Energiewirtschaft für (Quer-)Einsteiger. Das 1 mal 1 der Stromwirtschaft. Springer Vieweg 2021.

Post-EEG: Auswirkungen im EVU

8

Auswirkungen auf die Marktrollen

Die Entwicklung des Geschäftsfeldes der ausgeförderten Anlagen hat nicht nur Auswirkungen auf eine einzelne Marktrolle, sondern das gesamte Energieversorgungsunternehmen. Aus diesem Grund sollen mögliche Auswirkungen auf die jeweiligen Marktrollen in diesem Abschnitt einmal kurz skizziert werden. Die konkreten Auswirkungen sind immer im Einzelfall zu prüfen und tiefergehend zu bearbeiten:

Netzbetreiber

Der Aufwand für den Weiterbetrieb ausgeförderter Anlagen für den Netzbetreiber im Netzbetreibermodell unterscheidet sich nur gering zu dem Betrieb geförderter Anlagen, die sich nicht in der geförderten Direktvermarktung befinden. Beide Anlagentypen werden vom Netzbetreiber über die Börse vermarktet, lediglich die Vergütungssätze unterschieden sich in diesem Fall und es ist ein separater Bilanzkreis für die ausgeförderten Anlagen erforderlich. Ein Mehraufwand ergibt sich sicherlich im Zuge der Beratung der Anlagenbetreiber der Kunden, da der Netzbetreiber für die Benachrichtigung des Anlagenbetreibers, dass dessen Anlage aus der EEG-Förderung ausläuft, verantwortlich ist. Daher sollte ein sinnvolles Standardschreiben erarbeitet werden, welches den Kunden seine Betriebsmöglichkeiten aufzeigt, um die Zahl der Kundenanfragen zu reduzieren. Ein direkter Verweis auf den eigenen Lieferanten innerhalb des EVU ist aus Gründen des Unbundlings nicht erlaubt. Abzuwarten bleiben außerdem die Auswirkungen auf das jeweilige Verteilnetz, welches sich durch die vom Umweltministerium prognostizierte Umstellung der Anlagenbetreiber auf Eigenversorgung ergeben.

M. Linnemann, *Post-EEG-Anlagen in der Energiewirtschaft*, https://doi.org/10.1007/978-3-658-35072-7_8

Lieferant

Der Lieferanten innerhalb eines EVU muss im ersten Schritt die Frage beantworten, ob er eine Vermarktungsalternative für ausgeförderte Anlagen zum Netzbetreibermodell anbieten möchte oder das EVU ausschließlich auf das Netzbetreibermodell setzt. Besteht der Wille das Geschäftsfeld des Weiterbetriebs ausgeförderter Anlagen zu erschließen, ist der Grad der Dienstleistungstiefe zu klären (vgl. Kap. 4). Neben der allgemeinen Beratung ist der erste Schritt die Aufnahme und Weitervermarktung der Energiemengen von ausgeförderten Anlagen. Hierfür muss immer der Weg über die Sonstige Direktvermarktung gegangen werden. In diesem Zuge ist zu prüfen, ob ein Dienstleister zu beauftragen ist oder bereits bestehende Prozesse im Haus vorhanden sind. Gerade viele kleine Lieferanten sind in der Praxis nicht in der Direktvermarktung tätig, weswegen die Inanspruchnahme eines Dienstleisters sinnvoll sein kann.

Des Weiteren hat der Lieferant zu klären, wie der abgenommene Strom weitervermarktet werden soll. Eine Möglichkeit stellt die Aufnahme des Stroms in das eigene Lieferantenportfolio dar, um diesen als Ökostrom an den Letztverbraucher weiterzuverkaufen. Alternativ ist eine Vermarktung über die Strombörse möglich.

Neben der reinen Energievermarktung ist außerdem zu klären, ob weitere Energiedienstleistungen angeboten werden sollen wie z. B. im Produkt EEG-Eigenverbrauch-Plus. Hier ist zu untersuchen, ob die Dienstleistung direkt durch das EVU oder durch Partner erbracht werden sollen. Zugehörige Dienstleistungsverträge sind zu erarbeiten.

In Abhängigkeit der Leistungstiefe und angebotenen Produkte sind die Kundenschnittstellen und -prozesse aufzubauen. Hierzu können Themen wie Erweiterungen des Kundenportals, der Rechnungsstellung, der Kundenansprache oder des Marketings zählen.

Messstellenbetreiber

Ausgeförderte Anlagen dürften für den Messstellenbetrieb einen erhöhten Mehraufwand bedeuten, da das Umweltbundesministerium mit einer vermehrten Umrüstung der Anlagen auf Eigenversorgung rechnet. Ein Grund hierfür dürfte die höhere wirtschaftliche Attraktivität des Eigenverbrauchs sein. Weil ein Großteil der Messkonzepte für die Volleinspeisung ausgelegt ist, muss eine Anpassung der Messkonzepte zur Umsetzung der Eigenversorgung erfolgen. Dies liegt im Verantwortungsbereich des Messstellenbetreibers [1].

Des Weiteren ist der Messstellenbetreiber für die Sicherstellung und Umsetzung der verpflichtenden Fernsteuerbarkeit der ausgeförderten Anlagen in Zusammenarbeit mit dem zuständigen Netzbetreiber verantwortlich. Hierbei sind die Vorschriften des MsbG, EEG und EnWG einzuhalten.

Ähnlich wie bei Netzbetreibern ist durch die starke Nachfrage nach Umrüstung des Messsystems mit einem Zuwachs der Kundenanfragen zurechnen. Diesbezüglich sollten die Prozesse zur Reduktion des manuellen Aufwands zur Bearbeitung der Kundenanforderungen angepasst werden.

Direktvermarkter

Die Übernahme der Aufgabe der Direktvermarktung ist die zentrale Funktion, um die Strommengen der ausgeförderten Anlagen aufnehmen und weitervermarkten zu können. Die Komplexität der Direktvermarkung hängt jedoch auch von der Art des Handelsplatzes ab. Die Aufnahme der Strommengen in das eigene Lieferantenportfolio als Ökostrom ist vermutlich mit geringerem Aufwand verbunden als eine Vermarktung der Energie an der Strombörse, wofür eine Zulassung erforderlich ist. Maßgeblich sind hierfür die Größen der ausgeförderten Anlagen. Hat der Direktvermarkter eine Vielzahl großer Anlagen im Portfolio, ist eine Vermarktung an der Strombörse mit hoher Wahrscheinlichkeit wirtschaftlicher, da die Prognoseschwankungen das eigene Bilanzkreismanagement negativ beeinflussen könnten. Stehen dem Direktvermarkter lediglich viele kleine Anlagen zur Verfügung, ist eine Vermarktung an der Strombörse unwirtschaftlich. Der Strom sollte vielmehr in das Portfolio des Lieferanten aufgenommen werden.

Literatur

1. Umweltbundesamt (Oktober 2020). Analyse der Stromeinspeisung ausgeförderter Photovoltaikanlagen und Optionen einer rechtlichen Ausgestaltung des Weiterbetriebs Weiterbetrieb ausgeförderter Photovoltaikanlagen – Kurzgutachten. Abgerufen am 01. März 2021 von https://www.umweltbundesamt.de/publikationen/analyse-der-stromeinspeisung-ausgefoerderter

Post-EEG: Wirtschaftlichkeit

9

9.1 Wirtschaftliche Parameter aus Sicht des Anlagenbetreibers

Der wirtschaftliche Betrieb einer ausgeförderten Anlage hängt stark von einer Kombination einer Vielzahl von Einzelfaktoren ab, welche individuell je nach Anlage zu bewerten sind. Die Gewichtung der Parameter kann sich je nach der gewählten Vermarktungsvariante (vgl. Kap. 3) und dem Produkt (vgl. Kap. 4) unterscheiden. In diesem Abschnitt soll ein Ausschnitt möglicher Wirtschaftlichkeitsparameter dargestellt werden, welche sich auf den wirtschaftlichen Betrieb auswirken können. Ein Anspruch auf Vollständigkeit wird an dieser Stelle nicht erhoben. Die Parameter beziehen sich ausschließlich auf den Anlagenbetreiber. Die zusätzlichen Kosten für das EVU zum Aufbau der Produkte und Prozesse werden an dieser Stelle nicht betrachtet.

9.1.1 Generelle Parameter (Anlagenbetreiber)

Die Wirtschaftlichkeitsparameter können aus Sicht des Anlagenbetreibers in *Generelle Parameter* und *Individuelle Parameter* unterteilt werden. Erste sind in der Regel immer zu betrachten. Letztere wiederum sind abhängig von der individuellen Ausgangssituation des Anlagenbetreibers. Zu berücksichtigen ist immer die Art der Energieproduktion. So sind für eine Windkraftanlage z. T. andere Parameter zu berücksichtigen als für eine PV-Anlage.

1. Installierte Leistung
Das erste wesentliche Kriterium ist die installierte Anschlussleistung der Anlage. Sie bildet die Grundlage zur Berechnung der erwarteten Energieproduktion.

© Der/die Autor(en), exklusiv lizenziert durch Springer Fachmedien Wiesbaden GmbH, ein Teil von Springer Nature 2021
M. Linnemann, *Post-EEG-Anlagen in der Energiewirtschaft,*
https://doi.org/10.1007/978-3-658-35072-7_9

2. Anzahl Sonnen-Stunden

Für ausgeförderte PV-Anlagen sind die Anzahl der Sonnenstunden zur Bestimmung der Volllaststunden der Anlage über das Jahr zu berücksichtigen. Je nach Standort und Ausrichtung der Anlage, können sich die Werte stark unterscheiden [1].

3. Windhöffigkeit des Standorts

Für ausgeförderte Windenergieanlagen ist die Windhöffigkeit des Standorts, d. h. der zu erwartende Windertrag für die zu erwartende Energieproduktion zu beachten. Die Kennzahl kann als Gütesiegel für die Qualität des Standorts betrachtet werden und ist mit der Anzahl der Sonnenstunden für PV-Anlagen gleichzusetzen [2].

4. Verbliebender Wirkungsgrad der Anlage

Ein wesentlicher Parameter für die Berechnung der Energieproduktion stellt der Wirkungsgrad der Anlage dar. Da sich dieser mit der Lebensdauer der Anlage verschlechtert, ist der restliche Wirkungsgrad der ausgeförderten Anlage zu bestimmen. Als Faustformel kann für PV ein Wirkungsgrad von 80 % des ursprünglichen Wertes angenommen werden. Eine PV-Anlage mit einem ursprünglichen Wirkungsgrad von 16 % hat nach einer Betriebsdauer von 20 Jahren somit noch einen verbliebenen Wirkungsgrad von 12,8 % [3].

5. Verbrauch des Kunden

Sollte es sich bei dem Betreiber der ausgeförderten Anlage nicht um einen reinen Erzeuger handeln, sondern auch einem Letztverbraucher, welcher die Energie aus seiner Anlage z. T. selbstverbrauchen will, ist der Verbrauch im Verhältnis zur Produktion der Anlage zu setzen. Eine Abschätzung der Eigenverbrauchsquote ist so möglich.

6. Eigenverbrauchsquote (ohne/mit Batterie)

Die Eigenverbrauchsquote gibt an, wie viel Prozent des produzierten Stroms aus der ausgeförderten Anlage direkt selbstverbraucht und nicht in das öffentliche Stromnetz einspeist. Je höher der natürliche Selbstverbrauch ausfällt, desto wirtschaftlicher ist dies für den Anlagenbetreiber. Für Anlagen, welche in der Volleinspeisung verbleiben müssen, da kein Letztverbraucher vorhanden ist, ist der Parameter irrelevant.

Neben der Eigenverbrauchsquote für den natürlichen Selbstverbrauch, ist die Eigenverbrauchsquote durch zusätzliche technische Maßnahmen – wie z. B. der Einsatz von Stromspeichern – zu untersuchen und in eine Relation zu den Investitionskosten zu setzen.

7. Börsenpreis für Strom

Ein wesentlicher Faktor für die Wirtschaftlichkeit stellt der Börsenpreis dar. Da Anlagen größer 100 kW in der Sonstigen Direktvermarktung ihren Strom an der Börse verkaufen, muss der wirtschaftliche Betrieb über den Börsenerlös erzielt werden. Somit stellt der Börsenpreis für diese Anlagen neben der reinen Energieproduktion eine der wichtigsten

Parameter dar. Für kleinere Anlagen im Netzbetreibermodell ist hingegen der Jahresmarktwert relevant.

8. Jahresmarktwert
Für Anlagen im Netzbetreibermodell ist die Entwicklung der Jahresmarktwert besonders relevant, da sich die Auffangvergütung nach dem EEG 2021 an der Höhe des Jahresmarktwerts abzüglich der Vermarktungskosten durch den Netzbetreiber orientiert. Für kleinere Anlagenbetreiber ausgeförderter Anlagen ist die Vergütung in Relation zu einem alternativen Strom-Bezugspreis durch das EVU zu setzen, um eine Aussage über die Wirtschaftlichkeit der beiden Modelle geben zu können.

9. Strom-Bezugspreis vom EVU
Da in vielen Modellen ausgeförderte Anlagen nicht direkt vom Anlagenbetreiber selbst vermarktet werden, sondern durch ein EVU, welches dem Anlagenbetreiber einen festen Preis je erzeugte Kilowattstunde garantiert, ist der Strombezugspreis vom EVU für den Anlagenbetreiber relevant. Gerade für kleine Anlagen unter 100 kW sollte dieser Preis über der Auffangvergütung im Netzbetreibermodell liegen, da eine direkte Abnahme des Stroms aus wirtschaftlicher Sicht für den Anlagenbetreiber unrentabler ist.

10. EEG-Umlage
Die Höhe der EEG-Umlage ist hingegen für den Anlagenbetreiber nur relevant, wenn er einen Teil des Stroms selbst verbraucht. Hier ist die installierte Anlagenleistung zu betrachten, da ab einer Leistung von 30 kW eine anteilige EEG-Umlage von 40 % auf selbstverbrauchten Strom zu entrichten ist [4].

11. Aktuelle EEG-Vergütung (für Variante Neu-Anlage)
Die aktuelle EEG-Vergütung ist dann für den Betreiber der ausgeförderten Anlage relevant, wenn ein Repowering der Anlage geplant ist. Die neue geförderte EEG-Anlage erhält für weitere 20 Jahre nach der aktuell geltenden EEG-Vergütung [4].

12. Erwartete Restlaufzeit
Die erwartete Restlaufzeit ist ein wesentlicher Faktor für Investitionsentscheidungen in die Anlage. Je länger die erwartete Laufzeit der Anlage, desto sinnvoller ist eine Entscheidung für weitere Investitionen, z. B. mit dem Ziel der Erhöhung der Eigenverbrauchsquote [5].

9.1.2   Individuelle Parameter (Anlagenbetreiber)

1. Kosten für neue, intelligente Zähler
Einen wesentlichen wirtschaftlichen Parameter stellen bei der Anpassung des Messkonzeptes die Kosten der Umrüstung der Zähler dar. Dies kann auch die Herstellung

der verpflichtenden Fernsteuerbarkeit bedeuten, welche mit höheren Betriebskosten verbunden sind [6, 7].

2. Kosten für einen neuen Schaltschrank

Im Zuge der Anpassung des Messsystems ist immer zu prüfen, ob die Kapazitäten im Schaltschrank ausreichen oder ein neuer, größerer erforderlich ist. Die Investitionskosten für einen neuen Schaltschrank können mehrere tausend Euro betragen, weswegen sich die Investitionskosten stark auf die Wirtschaftlichkeit auswirken.

3. Kosten zur Erhöhung des Eigenverbrauchs

Zur Erhöhung der Eigenverbrauchsquote sind zusätzliche Investitionskosten, z. B. in Stromspeicher, zu tätigen. Die Investitionskosten sind in einem wirtschaftlichen Verhältnis des zusätzlich generierten Ertrags zu setzen und individuell zu bewerten.

5. Kosten für Wechselrichter

Bei PV-Anlagen stellen Wechselrichter ein Kernelement zur Sicherstellung des Betriebs neben dem reinen PV-Modul dar. Oft gehören sie mit zu den ersten Elementen, die bei einer PV-Anlage auszutauschen sind. Aus diesem Grund sind die Investitionskosten in neue Wechselrichter im Rahmen einer Investitionsentscheidung zu prüfen.

6. Investitions-Kosten des Repowerings

Sollte der Anlagenbetreiber ein Repowering seiner Anlage prüfen, ist eine komplette neue Wirtschaftlichkeitsberechnung durchzuführen, sofern die Anlage komplett erneuert werden sollen. An dieser Stelle sind die zusätzlichen Kosten der Genehmigung zu prüfen sowie die neue geltende EEG-Vergütung zu berücksichtigen.

7. Zusätzliche Genehmigungskosten (Repowering)

Gerade bei Standorten für Windkraftanlagen kann durch die Erhöhung der installierten Leistung eine neue Genehmigung der zuständigen Behörde erforderlich sein. Die zusätzlichen Kosten des Genehmigungsverfahren sind im Zuge der Wirtschaftlichkeitsplanung zu berücksichtigen. Ebenso der Zeitverzug, welcher bis zu einer Entscheidung der Behörde vergehen kann [4].

9.2 Anlagenstrategie

Für den Betrieb der ausgeförderten Anlage ist neben den reinen Parametern des wirtschaftlichen Betriebs auch die Anlagenstrategie zu beachten, welche von der Lebensdauer, aber auch der Investitionsbereitschaft des Anlagenbetreibers abhängt. Die Auswahl der Anlagenstrategie ist je Anlage individuell zu prüfen. Im Allgemeinen kann zwischen den folgenden Strategien differenziert werden:

Kurzfristige Betriebsweise

Die kurzfristige Betriebsweise ist bis zum ersten Schadensfall ausgelegt. Der Anlagenbetreiber führt lediglich die notwendigen, gesetzverpflichtenden Wartungsmaßnahmen
durch. Kommt es zu einem relevanten Schadensfall, erfolgt keine weitere Instandsetzung
und kein Weiterbetrieb der Anlage. Das Ziel der Betriebsweise ist die Erzielung der
maximalen Rendite bei möglichst geringen Instandhaltungskosten [8].

Bei der Auswahl der jeweiligen Strategie sind vor allem der Standort, der Zustand
und die noch vorhandene Leistungsfähigkeit der Anlage zu berücksichtigen. Für stark
beschädigten Anlagen ist entweder die Installation einer Neuanlage sinnvoll oder die
kurzfristige Betriebsweise [8].

Mittelfristige Betriebsweise

Die mittelfristige Betriebsweise ist für einen Weiterbetrieb über mehrere Jahre aus-
gelegt. Es erfolgt eine jährliche Wartung. Die Durchführung einzelner kostengünstiger
Wartungsmaßnahmen wird durchgeführt. Bei mittleren bis größeren Schäden wird der
Betrieb der Anlage eingestellt [8].

Langfristige Betriebsweise

Die Betriebsweise ist für einen langfristigen Weiterbetrieb über einen Zeitraum von 5
bis 10 ausgelegt. Es existiert ein umfangreiches Wartungs- und Versicherungskonzept,
um die Leistungsfähigkeit der Anlage zu erhalten. Die Anlage wird lediglich bei einem
Großkomponentenschaden nicht weiterbetrieben [8].

9.3 Staatliche Förderungen

Neben der Betrachtung der wirtschaftlichen Parameter und der Anlagenstrategie, haben
Anlagenbetreiber noch die Möglichkeit für bestimmte Maßnahmen zusätzliche staat-
liche Förderungsmaßnahmen in Anspruch zu nehmen. So existieren auf der Ebene des
Bundes, der Länder, aber auch der eigenen Kommune oft spezielle Förderprogramme.

Aus diesem Grund sollten gerade bei Repoweringmaßnahmen oder bei einer
Umstellung auf Eigenverbrauch (verbunden mit der Erhöhung der Eigenverbrauchs-
quote) mögliche staatliche Fördermaßnahmen vor der Investitionsentscheidung geprüft
werden. Klassische Förderbeispiele stellen die Anschaffung eines Stromspeichers, eines
Elektroautos oder einer Wallbox dar. So fördert der Bund aktuell die Anschaffung von
Elektroautos, das Land NRW fördert private Ladeinfrastruktur und einzelne Städte die
Anschaffung von Stromspeichern. Neben der eigenen Recherche haben Anlagenbetreiber
die Möglichkeit, einen Energieberater zu kontaktieren, der bei der Bewertung und Auf-
bereitung der Förderprogramme unterstützen kann. Alternativ bieten mittlerweile viele
EVU ebenfalls Unterstützung bei der Auswahl möglicher Förderprogramme an [8, 9].

Literatur

1. V. Wesselak (2013). Regenerative Energietechnik. Springer Vieweg 2. Auflage 2013.
2. Energieatlas Bayern (kein Datum). Windhöffigkeit. Abgerufen am 16. April 2021 von https://www.energieatlas.bayern.de/energieatlas/lexikon/w-z/windhoeffigkeit.html
3. Umweltbundesamt (Oktober 2020). Analyse der Stromeinspeisung ausgeförderter Photovoltaikanlagen und Optionen einer rechtlichen Ausgestaltung des Weiterbetriebs Weiterbetrieb ausgeförderter Photovoltaikanlagen – Kurzgutachten. Abgerufen am 01. März 2021 von https://www.umweltbundesamt.de/publikationen/analyse-der-stromeinspeisung-ausgefoerderter
4. Bundesministerium für Justiz und Verbraucherschutz (2021). Gesetz für den Ausbau erneuerbarer Energien (Erneuerbare-Energien-Gesetz – EEG 2021). Abgerufen am 1. März 2021 von https://www.gesetze-im-internet.de/eeg_2014/EEG_2021.pdf
5. items GmbH (2019). PV-Anlagen im Post EEG Zeitalter. Abgerufen am 31. März 2021 von https://itemsnet.de/blogging/pv-anlagen-im-post-eeg-zeitalter/
6. Bundesministerium für Justiz und Verbraucherschutz (Februar 2021). Gesetz über die Elektrizitäts- und Gasversorgung (Energiewirtschaftsgesetz – EnWG). Abgerufen am 4. März 2021 von https://www.gesetze-im-internet.de/enwg_2005/EnWG.pdf
7. Bundesministerium für Justiz und für Verbraucherschutz. (Dezember 2020). *Gesetz über den Messstellenbetrieb und die Datenkommunikation in intelligenten Energienetzen (Messstellenbetriebsgesetz – MsbG)*. Abgerufen am 22. März 2021 von http://www.gesetze-im-internet.de/messbg/MsbG.pdf
8. Energieagentur NRW (2020). Gibt es Fördergeld? Abgerufen am 31. März 2021 von https://www.elektromobilitaet.nrw/privatnutzer/foerderung-fuer-privatnutzer/
9. Stadt Münster (2019). Erneuerbare Energien. Abgerufen am 31. März 2021 von https://www.stadt-muenster.de/klima/erneuerbare-energien/photovoltaik

Fazit

10

Zusammenfassend lässt sich festhalten, dass für den Betrieb ausgeförderter Anlagen eine Vielzahl von Produkten existieren. Die Ausgestaltung eines jeden Produkts hängt stark von der Zielgruppe der besonders Motivierten, der nüchterneren Pragmatiker oder bequemen Modernen ab. Welches Produkt ein EVU seinen Kunden anbietet, ist ihm dabei selbst überlassen. Eine Ausnahme stellt jedoch das Netzbetreibermodell dar, welches nach dem EEG 2021 verpflichtend durch den Netzbetreiber anzubieten ist.

Die Vermarktung der Strommengen aus ausgeförderten Anlagen erfolgt somit entweder über das Netzbetreibermodell oder die Sonstige Direktvermarktung. In beiden Fällen erfolgt die Weiterleitung des elektrischen Stroms über das öffentliche Stromnetz. In Einzelfällen erfolgt sie über eine Direktleitung zum Letztverbraucher als Direktlieferung ohne Beanspruchung des öffentlichen Stromnetzes. Da in der Vergangenheit die EE-Anlagen über den Netzbetreiber vermarktet wurden, sind die Prozesse in der Marktrolle des Lieferanten für ausgeförderte Anlagen neu im EVU zu etablieren. Alternativ kann auch auf Dienstleister zurückgegriffen werden.

Neben der reinen Abnahme und Weitervermarktung des Stroms, ist mit einer vermehrten Umrüstung auf Eigenverbrauch bei ausgeförderten Anlagen zu rechnen. Aus diesem Grund sind die Messkonzepte der Erzeugungsanlagen zu überprüfen, da diese in der Vergangenheit für die Volleinspeisung in das öffentliche Stromnetz ausgelegt waren. Hier ist mit einem erhöhten Mehraufwand für den Messstellenbetrieb zu rechnen.

In Abhängigkeit des gewählten Produkts, des Anlagenbetreibers und unter Berücksichtigung des Messsystems sind unterschiedliche Vertragsstrukturen zwischen dem Anlagenbetreiber und der jeweiligen Marktrolle des EVU erforderlich. Zur Reduktion des Aufwandes ist eine Erarbeitung von Standardverträgen erforderlich, wobei immer eine Einzelfallbetrachtung der Anlage unter Berücksichtigung des Zustandes erfolgen sollte. Damit verbunden sind die unterschiedlichen Abgaben und Umlagen sowie die Auswahl des energiewirtschaftlichen Vermarktungsmodells für das jeweilige Produkt.

© Der/die Autor(en), exklusiv lizenziert durch Springer Fachmedien Wiesbaden GmbH, ein Teil von Springer Nature 2021
M. Linnemann, *Post-EEG-Anlagen in der Energiewirtschaft,*
https://doi.org/10.1007/978-3-658-35072-7_10

Insgesamt ist durch die steigende Anzahl ausgeförderter Anlagen in den nächsten Jahren von einem Wachstumsmarkt für EVU auszugehen, was die Transformation des EVU vom Infrastrukturbetreiber und Stromlieferant zum Energiedienstleister beschleunigen kann. Zur Auswahl des richtigen Produktportfolios sollte ein EVU immer von der Fragestellung ausgehen, was sind die Kundenbedürfnisse (vgl. Kap. 2), welche Vermarktungsformen der produzierten Energie für ausgeförderte Anlagen bestehen aus energiewirtschaftlicher Sicht (vgl. Kap. 3) und welche Produkte lassen sich darauf aufbauend entwickeln (vgl. Kap. 4). Auf dieser Basis kann die Vertragsgestaltung zwischen einem EVU und einem Letztverbraucher (vgl. Kap. 5) sowie die Anpassung des Messkonzepts erfolgen (vgl. Kap. 6). Die Berücksichtigung der Abgaben und Umlagen je Vermarktungsform und Produkt kann dann im Anschluss erfolgen (vgl. Kap. 7).

Glossar

Ausgeförderte Anlage „ausgeförderte Anlagen: Anlagen, die vor dem 1. Januar 2021 in Betrieb genommen worden sind und bei denen der ursprüngliche Anspruch auf Zahlung nach der für die Anlage maßgeblichen Fassung des Erneuerbare-Energien-Gesetzes beendet ist; mehrere ausgeförderte Anlagen sind zur Bestimmung der Größe nach den Bestimmungen dieses Gesetzes zu ausgeförderten Anlagen als eine Anlage anzusehen, wenn sie nach der für sie maßgeblichen Fassung des Erneuerbare-Energien-Gesetzes zum Zweck der Ermittlung des Anspruchs auf Zahlung als eine Anlage galten". (https://www.gesetze-im-internet.de/eeg_2014/__3.html)

Geförderte Anlage Regenerative Erzeugungsanlage, welche sich innerhalb der Förderung des EEG befindet.

Direktlieferung ohne Beanspruchung des öffentlichen Stromnetzes Vermarktungsmodell, bei dem die Lieferung der produzierten Energie aus der ausgeförderten Anlage direkt ohne Beanspruchung des öffentlichen Stromnetzes über eine Direktleitung an den Letztverbraucher erfolgt.

Eigenverbrauchsquote Die Eigenverbrauchsquote gibt das Verhältnis an, wie viel der produzierten Energie aus der ausgeförderten Anlage durch den Anlagenbetreiber selbst verbraucht wird.

Eigenversorgung „Eigenversorgung der Verbrauch von Strom, den eine natürliche oder juristische Person im unmittelbaren räumlichen Zusammenhang mit der Stromerzeugungsanlage selbst verbraucht, wenn der Strom nicht durch ein Netz durchgeleitet wird und diese Person die Stromerzeugungsanlage selbst betreibt." (https://www.gesetze-im-internet.de/eeg_2014/__3.html)

Einspeiseprivileg Das Einspeiseprivileg beschreibt die Pflicht des Netzbetreibers, vorrangig Grünstrom abzunehmen und zuerst konventionelle Erzeugungsanlagen im Falle eines Netzengpasses abzuregeln.

Energieversorgungsunternehmen (EVU) Ein Energieversorgungsunternehmen stellt nach §3 Nr.18 EnWG eine natürliche oder juristische Person dar, die Energie an andere liefert, ein Energieversorgungsnetz betreibt oder an einem Energieversorgungsnetz als Eigentümer Verfügungsbefugnis besitzt. Der Betrieb einer Kunden-

© Der/die Herausgeber bzw. der/die Autor(en), exklusiv lizenziert durch Springer Fachmedien Wiesbaden GmbH, ein Teil von Springer Nature 2021
M. Linnemann, *Post-EEG-Anlagen in der Energiewirtschaft*,
https://doi.org/10.1007/978-3-658-35072-7

anlage oder einer Kundenanlage zur betrieblichen Eigenversorgung macht den Betreiber nicht zu einem Energieversorgungsunternehmen. (https://www.gesetze-im-internet.de/enwg_2005/__3.html)

Engpassmanagement Der Begriff Engpassmanagement ist Teil des Einspeisemanagements. Darunter wird die Abregelung von erneuerbaren Energien oder KWK Anlagen verstanden, wenn es zu physikalischen Engpässen z. B. aufgrund einer Überproduktion im Stromnetz kommt. Ein solcher Engpass kann die Versorgungssicherheit gefährden, weswegen ein gezieltes Abregel und Anfahren von Erzeugungsanlagen notwendig ist [1].

Erneuerbare-Energien-Gesetz (EEG) Das Erneuerbare-Energien-Gesetz stellt den Rechtsrahmen für die Förderung Erneuerbarer Energien dar. Zweck dieses Gesetzes ist es, insbesondere im Interesse des Klima- und Umweltschutzes eine nachhaltige Entwicklung der Energieversorgung zu ermöglichen, die volkswirtschaftlichen Kosten der Energieversorgung auch durch die Einbeziehung langfristiger externer Effekte zu verringern, fossile Energieressourcen zu schonen und die Weiterentwicklung von Technologien zur Erzeugung von Strom aus erneuerbaren Energien zu fördern. (https://www.gesetze-im-internet.de/eeg_2014/BJNR106610014.html#BJNR1066100 14BJNG000100000)

Herkunftsnachweis Ein Herkunftsnachweis ist ein zertifizierter Nachweis, dass der erzeugte Strom aus einer bestimmten Erzeugungsanlage stammt. Herkunftsnachweise werden für den Nachweis der Strom Erzeugung aus EE-Anlagen verwendet, wobei es unterschiedliche Typen von HKN gibt [1].

Intelligentes Messsystem Unter dem Begriff intelligentes Messsystem (iMsys) wird im allgemeinen Sinne eine Messeinrichtung verstanden, welche in ein Kommunikationsnetz nach den geltenden technischen Standards des BSIs integriert wird. Es besteht aus einem elektrischen Verbrauchszähler (moderne Messeinrichtung) sowie einem zertifizierten Gateway (Smart-Meter-Gateway). Aufgabe des Systems ist unter anderem die Erfassung der elektrischen Energie, die Sendung von Verbrauchswerten an das Energieversorgungsunternehmen und der Empfang von geänderten Tarifinformationen. Grundsätzlich muss das iMsys in der Lage sein, Daten zu erheben, zu speichern und zu versenden bzw. zu empfangen. Daneben muss eine problemlose Anbindung und Fernsteuerung von Erzeugungs- und Speicheranlagen möglich sein [1].

Mieterstrom Bei Mieterstrom handelt es sich um ein Erzeugungskonzept, bei dem Strom lokal auf einem Hausdach über eine PV-Anlage oder über ein BHKW erzeugt wird und direkt an den Mieter als Letztverbraucher lokal abgegeben wird. Die Stromlieferung unterliegt in diesem Kontext bestimmten Entgeltbefreiungen [1].

Natürlicher Selbstverbrauch Der natürliche Selbstverbrauch beschreibt den Anteil der selbstverbrauchten Energie ohne zusätzliche technische Maßnahmen wie z. B. dem Einsatz eines Stromspeichers.

Netzanschlussbegehren Beschreibt den Antrag eines Anlagenbetreibers seine Erzeugungsanlage an das Stromnetz der öffentlichen Versorgung anzuschließen.

Netzbetreibermodell Ein spezielles Vermarktungsmodell für ausgeförderte Anlagen kleiner 100 kW und ausgeförderte Windkraftanlagen nach dem EEG 2021.

Pachtmodell Ein Betriebsmodell für erzeugungsanlagen bei dem ein Dritter eine Anlage auf einer fremden Dachfläche oder Grundstück betriebt. Der Anlagenbetreiber hat dem Besitzer der Fläche eine Pacht für die Nutzung zu bezahlen.

Post-EEG Anlage Synonym und umgangssprachlicher Begriff für ausgeförderte Anlagen in der Energiewirtschaftsbranche.

Post-EEG-Basic Ein potentielles Produkt für ausgeförderte Anlagen, das EVU nimmt dem Anlagenbetreiber den kompletten produzierten Strom ab und vermarktet ihn weiter.

Post-EEG-Eigenverbrauch Ein potentielles Produkt für ausgeförderte Anlagen, das EVU nimmt dem Anlagenbetreiber den überschüssigen Strom, welcher in das öffentliche Stromnetz eingespeist wird, ab und vermarktet diesen weiter.

Post-EEG-Eigenverbrauch-Plus Ein potentielles Produkt für ausgeförderte Anlagen, welches auf das Produkt Post-EEG-Eigenverbrauch aufsetzt und mit Hilfe zusätzlicher Maßnahmen den Anteil der Eigenverbrauchsquote erhöht.

Post-EEG-Energy-Community Ein lokaler Handelsplatz, auf dem Betreiber ausgeförderter Anlagen die Möglichkeit haben, ihren Strom lokal an die Letztverbraucher mit Hilfe des EVU als Intermediär zu vermarkten.

Power Purchase Contracts (PPA) Unter einem PPA wird allgemein ein langfristiger Stromvertrag verstanden, welcher zwischen einem Käufer und einem Verkäufer abgeschlossen wird. Wesentlicher Vertragsbestandteil von PPAs sind entweder ein fester Abnahmepreis oder ein äquivalenter finanzieller Ausgleich. Darüber hinaus können Zusatzelemente wie die Laufzeit, Refinanzierung, Herkunftsnachweise mit im PPA verwendet werden. Im deutschen existiert für diesen Begriff jedoch keine einheitliche Übersetzung. Synonyme wie Stromkaufvertrag, Strombezugsvertrag, Stromliefervertrag oder Stromabnahmevertrag werden von Suchmaschinen oft als deutsches Synonym verwendet [1].

Regionalnachweis Ein Regionalausweis ist ein elektronisches Dokument, welches die regionale Herkunft eines bestimmten Anteils oder einer bestimmten Menge des verbrauchten Stroms aus erneuerbaren Energien nachweist (§3 Nr.38 EEG). Der Anteil muss auf der Stromrechnung des Letztverbrauchers ausgewiesen werden (§42 EnWG).

Repowering Der Begriff Repowering kann in das deutsche aus fachlicher Sicht mit dem Wort „Kraftwerkserneuerung" übersetzt werden. Im Rahmen des Repowerings werden die ausgeförderten Anlagen komplett oder Teile der Anlage erneuert.

Stadtwerke-Speicher Ein potentielles Produkt für ausgeförderte Anlagen, bei dem die produzierte Energie der ausgeförderten Anlage nicht in einen physischen Speicher vor Ort, sondern in einem virtuellen Speicher des EVU kaufmännisch verrechnet wird.

Sonstige Direktvermarktung Ein Vermarktungsmodell für ausgeförderte Anlagen, in welchem der Anlagenbetreiber oder ein beauftragter Dritter die Energie auf der Börse vermarktet.

Strombezugsvertrag Ein Vertrag zwischen dem Betreiber der ausgeförderten Anlage und einem Dritten zur Abnahme des produzierten Stroms oder Weitervermarktung auf einem Handelsplatz.

Überschusseinspeisung Betriebsweise für ausgeförderte Anlagen, der nicht selbstverbrauchte Strom wird dabei in das öffentliche Stromnetz eingespeist.

Vermiedene Netznutzungsentgelte Betreiber von dezentralen Erzeugungsanlagen erhalten von ihrem Netzbetreiber eine Vergütung für vermiedene Netzentgelte (vNNE), für die Vermeidung von Netzentgelten durch die Einspeisung auf einer unteren Spannungsebene gilt §18 StromNEV.

Volleinspeisung Betriebsweise für ausgeförderte Anlagen, der gesamte erzeugte wird Strom in das öffentliche Stromnetz eingespeist.

Literaturverzeichnis

1. M. Linnemann (Juli 2021). Energiewirtschaft für (Quer-)Einsteiger. Das 1 mal 1 der Stromwirtschaft. Springer Vieweg 2021.

Printed in the United States
by Baker & Taylor Publisher Services